土石混合料填方地基
压实特性与压实质量控制方法

■ 南方电网能源发展研究院有限责任公司　赖余斌　编著

中国电力出版社
CHINA ELECTRIC POWER PRESS

图书在版编目（CIP）数据

土石混合料填方地基压实特性与压实质量控制方法 / 南方电网能源发展研究院有限责任公司，赖余斌编著. —北京：中国电力出版社，2021.10

ISBN 978-7-5198-6049-3

Ⅰ. ①土… Ⅱ. ①南… ②赖… Ⅲ. ①电网–电力工程–混合料–地基处理–质量控制 Ⅳ. ①TM727

中国版本图书馆 CIP 数据核字（2021）第 195252 号

出版发行：中国电力出版社

地　　址：北京市东城区北京站西街 19 号（邮政编码 100005）

网　　址：http://www.cepp.sgcc.com.cn

责任编辑：岳　璐（010-63412339）

责任校对：黄　蓓　王海南

装帧设计：张俊霞

责任印制：石　雷

印　　刷：三河市万龙印装有限公司

版　　次：2021 年 10 月第一版

印　　次：2021 年 10 月北京第一次印刷

开　　本：710 毫米×1000 毫米　16 开本

印　　张：8.5

字　　数：134 千字

定　　价：50.00 元

前　言

　　随着我国电网建设高速发展，城区及城市周边电网工程建设基本完善，越来越多的电力工程开始修建于山区之中，但由于山区崎岖的地势很难直接作为良好的地基架设备类设备或施工相应的电力场所，通常需要削山或深坑填方以获得平整的工程场地。在填方过程中，考虑到山区交通不便以及削山产生的废弃渣土处理问题，往往采用就近取材原则，将附近产生的工程废弃土石作为深坑的填方材料。这些填方材料因具有较好的压实特性、抗剪强度和承载能力，是一种良好的填方材料，但实现这一切的前提条件是具备良好的填方质量。以国内某换流站工程为例，在投运一年后地面出现大幅度下沉，最大下沉量达几十厘米，且存在部分不均匀沉降。尽管大部分建筑修筑于桩基础之上，但部分电力构件是处于桩土同时连接的状态，不均匀沉降、地基与桩基础的差异沉降均对电力设备的正常运转产生了重要影响。后期为了保证电力设备的运行安全，铺设了大量的监测设备，并对不均匀沉降较为严重的围墙区进行了加固处理，直接经济损失达千万元。而造成这一切的主要原因是填方质量不过关，产生不均匀工后沉降。因此，对于土石混合料的压实质量把控成为后期工程安全保障的一大重点。

　　尽管土石混合料的压实质量会对工程安全产生重要影响，但至今尚无一种通用的检测方法或手段可以适用于所有类别土石混合料的压实质量控制，也没有专门的土石混合料压实质量检测规程对其工程质量把控进行约束。目前针对土石混合料的压实质量检测主要是根据工程经验，对不同的土石料选用不同的检测方法，并参照《高填方地基技术规范》（GC 51254—2017）、《强夯地基处理技术规程》（CECS 279—2010）、《建筑地基处理技术规范》（JGJ 79—2012）等规范中的相关条文确定其质量控制标准，对于一些工程经验不够丰富的工程人员，极可能由于错误的检测方法和控制指标无法对工程填方质量进行合理评价，从而对后期工程安全造成巨大隐患。

造成上述现象的主要原因是土石混合料的工程性质受土石种类、含石量、填料粒径等多种因素影响会有极大差异，以含石量对土石混合料工程性质和压实质量的检测方法影响为例，随着混合料中含石量的增加，混合料由多土类过渡到中间类，最终发展到多石类，其结构也相应由密实—悬浮结构转化为骨架—密实结构，最终进入骨架—空隙结构，不同结构对应的土石混合料其压实特性和质量控制方法也会有所不同。对于多土类混合料，其压实特性主要由土料决定，其压实控制方法可以采用传统的灌水、灌砂或环刀法进行检测，最大干密度也可以根据《土工试验方法标准》中的最大干密度修正公式进行修正。而多石类混合料中间已经形成较多的"架空"现象，不能采用传统压实度检测方法，可采取体积率作为控制指标。而对于中间类，出现了很多直接方法和间接方法，其压实质量受岩块成分、尺寸、百分含量、土料的级配和含水量的综合影响，采用传统的压实度评价办法，则需先确定混合料的最大干密度，尽管现阶段已经出现了多种最大干密度确定方法，但是何种方法更为合适尚无统一定论；而采用沉降差、激光图像法等间接方法来评价压实效果，都要预先将这种间接指标和压实度之间的相关规律先确定出来，而且为了能具备良好的相关性，提前标定时要做大量的相关性试验。总而言之，目前针对土石混合料压实质量控制尚无统一的标准方法，不同的土石混合料需要采用何种压实质量控制手段大多是通过工程经验进行选择。

针对上述情况，笔者根据现场试验数据和既有工程经验对土石混合料的工程特性和常用压实质量检测方法进行了总结，并对方法中的难点进行说明，以期对同行业从业者在进行类似工程活动时起到一定的借鉴作用。书中第一章对土石混合填料的压实机理和一些常用的检测指标进行介绍，为后续内容的说明起到铺垫作用。第二章从宏观层面阐述了不同类别土石混合填料的工程特性，包括其剪切特征和压缩特征，深刻理解上述特征有助于更为透彻的理解工程施工过程中土石混合料压实质量控制的关键点。第三章罗列了一些常见土石混合填料压实质量影响因素，包括含水量、压实功、碾压参数、粒料集配等，准确认识这些影响因素的作用效果，对于提高施工质量及施工质量把控有重要意义。第四章根据既有文献结论和相关试验数据，筛选出四种较为适合的土石混合填料压实质量检测方法，并对每种检测方法的适用性、准确性进行评价，基于该部分内容，可以对不同类别的土石混合料择优选择合适的检测方法，并于附录中总结各种方法的试验要点。第五章针对现阶段土石混合填料压实质量检测中的重难点，即最大干密度的确定准则进行了对比分析，确定了不同工况下合理的最大干密度计算方法，对于工程实践或理论分析均有一定的启发效果。第六章汇总了不同行业的压实质量控制标准，包括建筑行业、公路行业和铁路行业，行业特点的不同分别对应有不同的控制标准。横向对比后有助于选择最为合理的压实质量控制标准。全书从原理层面到工程应用层面，通过逐步递进的方式对土石混合料的压实特性与压实质量控制方法进行了介绍说明，对于开展土石混合料填方的施工、检测等工作具备一定的借鉴价值。

编　者

2021 年 3 月

目　录

第一章

土石混合填料压实的基本概念

第一节 概 述

随着我国电网建设高速发展，电网网架逐步完善，电力技术也得到快速提升，特别是 500kV 及以上电压等级输变电工程技术建设技术趋于成熟，特高压输电技术更是迈上了世界一流的台阶。但从现阶段来看，结合以往 500kV 及以上电压等级输变电工程建设经验总结中发现，当前电网建设仍存在一些技术难题亟待解决，其中，山区电网架设工程是一大难点。由于电网架设不可避免的要经过山区，但山区崎岖的地势很难直接作为良好的地基架设各类设备或施工相应的电力场所，通常需要削山或深坑填方以获得平整的工程场地。在填方过程中，考虑到山区交通不便以及削山产生的废弃渣土处理问题，往往采用就近取材原则，将附近产生的工程废弃土石作为深坑的填方材料。这些填方材料因具有较好的压实特性、抗剪强度和承载能力，是一种良好的填方材料，但实现这一切的前提条件是具备良好的填方质量。以国内某换流站工程为例，在投运一年后地面出现大幅度下沉，最大下沉量达几十厘米，且存在部分不均匀沉降。尽管大部分建筑修筑于桩基础之上，但部分电力构件是处于桩土同时连接的状态，不均匀沉降、地基与桩基础的差异沉降均对电力设备的正常运转产生了重要影响。后期为了保证电力设备的运行安全，增设了大量的监测设备，并对不均匀沉降较为严重的围墙区进行了加固处理，直接经济损失达千万元。而造成这一切的主要原因是填方质量不过关，产生不均匀工后沉降。因此，对于土石混合料的压实质量把控成为后期工程安全保障的一大重点。

　　压实质量控制最重要的就是确保压实系数满足设计要求，进而保证后期的沉降得以满足建筑物正常使用状态。然而，土石混合料作为两种或多种材料的混合体，其工程性质随着土石种类、土石比例、填料粒径和颗粒级配等影响因素的变化呈现出明显的差异，且受材料和填方过程中施工质量影响，填方后材料密度具有较强的变异性，给压实系数检测带来极大的困难。对于细粒料均匀介质而言，可以采用灌砂法、灌水法、环刀法以及核子湿度密度仪等方法较为准确地测试得到填方地基密度，进而评价其压实质量，并且相关规范规程中均对上述试验的详细步骤过程做了详细说明。但对于土石混合料来说，含石量、填料最大粒径和土石种类均会影响其工程性质，进而需要采取不同的压实质量检测方法才能收到较好的成效。以含石量对土石混合料工程性和压实质量的检测方法影响为例，随着混合料中含石量的增加，混合料由多土类过渡到中间类，最终发展到多石类，其结构也相应由密实—悬浮结构转化为骨架—密实结构，最终进入骨架—空隙结构，不同结构对应的土石混合料其压实特性和质量控制方法也会有所不同。对于多土类混合料，其压实特性主要由土料决定，其压实控制方法可以采用传统的灌水、灌砂或环刀法进行检测，最大干密度也可以根据《土工试验方法标准》中的最大干密度修正公式进行修正。而多石类混合料中间已经形成较多的"架空"现象，不能采用传统压实度检测方法，可采取体积率作为控制指标。而对于中间类，出现了很多直接方法和间接方法，其压实质量受岩块成分、尺寸、百分含量、土料的级配和含水量的综合影响，采用传统的压实度评价办法，则需先确定混合料的最大干密度，尽管现阶段已经出现了多种最大干密度确定方法，但是何种方法更为合适尚无统一定论；而采用沉降差、激光图像法等间接方法来评价压实效果，都要预先将这种间接指标和压实度之间的相关规律先确定出来，而且为了能具备良好的相关性，提前标定时需要做大量的相关性试验。总而言之，目前针对土石混合料压实质量控制尚无统一的标准方法，不同的土石混合料需要采用何种压实质量控制手段大多是通过工程经验进行选择。在此过程中若方法选择不当极有可能造成最终检测结果不准确，工程质量控制失效的严重后果，对工程安全产生巨大隐患。

第二节　压　实　机　理

用某种工具或机械对地基填方材料进行压实时,在压实机具的短时荷载或振动荷载作用下,将产生几种不同的物理过程。土石混合填料是由多种粒径不同的材料构成的,在压实过程中,主要发生的现象是颗粒重新排列、互相靠近和小颗粒进入大颗粒的孔隙中。产生这些不同物理过程的结果是增加单位体积内固体颗粒的数量,减少孔隙率,这个过程称为压实。各种细粒土、天然砂砾土、红土砂砾、各种级配集料、填隙碎石及无机结合料稳定土等填方材料,经过压实后,在单位体积内通常包括固体颗粒、水和空气三部分,常称为三相体。

在此三相体中,水和单个土颗粒是不可压缩的,空气只有在密闭容器内才是可压缩的,它在土体内也是不可压缩的。因此,要使单位体积内的固体颗粒增加,只有采取措施使土体内的空气和水排出。用机械碾压或采用强夯处理的方式就是施工现场所采用的主要措施。对于黏性细粒土的压实,仅是从孔隙中将空气挤出来,而不是将水挤出来。因为,一般碾压机械的短时荷载或振动荷载是不能将黏性土中的水挤出来的。碾压得越密实,单位体积内的固体颗粒越多,空气越少。这些三相体的压实过程可以一直进行到土中的全部空气几乎被排挤出。因此,某一含水量时,土的理论最大密实度就是土中空气等于零,土接近于两相体。但实际上不可能通过压实完全消除土中的空气。

而对于土石混合料来说,其压实原理与常规的细粒土有所不同。由于有较大粒径石块的存在,压实过程不再是简单排除细粒土粒料间的空气,还存在一个将大粒径石块间隙填充或压碎的过程。上一节提到过,对于不同含石量的土石混合料,其结构类型有所不同,分别是从多土类转化至多石类,多土类的土石混合料其工程性质与常规土体较为相似,而中间类和多石类土石混合料的工程特性则与常规土体略有不同。对于多石类土石混合料来说,由于细粒料含量远小于大粒径填料,无法在填方过程中对粗集料架空产生的孔隙进行充分填充,此时粗集料若为软质岩,则通过强夯或碾压等压实手段可以对石块进行一定程度的破碎,进而对大的孔隙进行填充;而粗集料若为硬质岩,最好的处理方法是将石块先进行破碎,并适当增加土料比重，以保证填方后地基不出现架空、孔隙率大等不良工程情况。因此，归纳土石混合料的压实机理可以主要分为两个过程，第一步是细粒料对粗粒料形成骨架孔隙的填充作用，这一步对最终压实质量起到至关重要的影响，可以通过碾压、夯实或颗粒破碎等方式方法保证细粒料对粗集料骨架的填充；第二步与细粒料压实机理相仿，主要为土料中空气的挤压排除过程，通过各种瞬时冲击荷载将土体孔隙中的空气排除，以提高填料的密实程度。不过该过程的进行是在第一步大孔隙填充完好的基础上实现的，只有将大孔隙填充完整，后续的压密过程才能够顺利进行。

第三节 球 体 堆 积 理 论

众所周知，土力学中将土看成是三相综合体，由固体颗粒、水和气体三部分组成。土中的固体颗粒构成土的骨架。根据前一节分析土石混合料的压实机理可知，由于大粒径颗粒的存在，土石混合料的压实机理与常规细粒料的压实机理有所不同。因此，有学者提出将土石混合料中固相成分进一步分类，分成岩块和土颗粒两部分，进而土石混合料的组成就由土的三相体系进化为四相体系，即岩块、土颗粒、水、气，并采用固体体积率的方式评价其压实质量。混合料的体积 V 由岩块体积、土颗粒体积、水体积、气体体积四部分组成，将土颗粒体积、水体积和气体体积累加为第一层次孔隙体积，水体积和气体体积累积为第二层次孔隙体积。

相应混合料中的骨架分两个层次，第一层次的骨架是由岩块之间相互接触形成，从这一层次而言，土颗粒、水、气体都是充填物；第二层次的骨架和土力学中的骨架是一个概念，是由土颗粒组成，水和气体作为充填物。第一层次的骨架相对宏观，而第二层次的骨架相对细观，混合料整体的压实特性由两个层次的骨架综合决定。

在工程施工中，采用强夯或分层碾压施工土石混填体，在压实功作用下主要压缩的是气体的体积，从常规的击实试验可知，当土的含水量处于最优含水量的±2%范围内时，压实施工很难将土中的水排出。对于前述的多土类混合料，若土水体积和大于第一层次孔隙体积，由于岩块之间不相互接触，第一层次的骨架并未形成，压实特性取决于第二层次骨架。

当土水体积和大致与第一层次孔隙体积相当时,土料刚好充填于块石间的孔隙中,两者之间达到"平衡",土石比也达到最佳状态。从学者们的试验结果看来,此种状态对应的剪切强度、最大干密度、压缩特性最佳,是最理想的工程填料[1,2,3,4]。

当土水体积明显小于第一层次孔隙体积时,块石间的孔隙还有残余空间,被空气充填,会引起块石的进一步风化或浸水软化,影响填方体的稳定性和变形。

实际工程中岩土体存在各种各样的形状、粒径,假设所有土体颗粒均为球体。对单一材料来说,所有球体直径相等,空间堆积形状有如表 1-1 所示的五种形状[5,6,7]。经过孔隙率比较发现,立方体堆积块石间的相互接触点最少,孔隙率最大,为 47.64%。而面心立方体堆积和六方最紧密堆积块石间的相互接触点最多,孔隙率最小,为 25.95%。吴成宝[5]认为在现实的堆积条件下,最可能实现的随机堆积对应空隙率为 37.5%。

表 1-1 单一球体堆积模型及参数

堆积类型	立体图	正面图	立面图	孔隙率（%）	固体体积率（%）
立方体堆积				47.64	52.36
正斜方体堆积				39.54	60.46
楔形四面体堆积				30.19	69.81
面心立方体堆积				25.95	74.05
六方最紧密堆积				25.95	74.05

注 表中所得的空隙率和球体大小无关,是一个相对空隙率,可使用于各个粒径的块石。

实际工程中不可能出现相同粒径的填方情况,一方面不存在单一粒径的填料,另一方面单一粒径的填料很难压缩密实。进一步,对于土石混合料来说,可以用简单的两级球体模型进行模拟,对于两种粒径的混合材料来说,小颗粒要填充在大颗粒留下的空隙当中，对小颗粒的粒径应有一定的要求，小颗粒的粒径越小，越易充填。经试验模拟发现，下一级颗粒粒径小于上级颗粒粒径的 0.2 倍时，才能作为充填物而不产生干扰。在两级球体堆积情况下，会有三种堆积模式，如图 1-1 所示。分别是对应于图 1-1（a）的大颗粒密实状态、图 1-1（b）对应的小颗粒密实状态和图 1-1（c）对应的最佳密实状态。对于大颗粒密实状态来说，大颗粒处于完全充填状态，相互间接触，小颗粒充填于大颗粒间的间隙中，但小颗粒并未完全将大颗粒间隙填充完整，此种条件下的密实状态较差，极易在外力作用下发生错动、压缩变形，该种情况类似于级配不良，填料粒径差距极大、含石量高的土石混合料；对于小颗粒密实状态来说，小颗粒处于完全填充状态，大颗粒也不存在架空状态，该种情况下易于被压实，其性质类似于含石量较低的土石混合料，但由于其中大粒径颗粒较小，相应的干密度、承载力等力学特征也会较低；最后一种最佳密实状态，是存在大颗粒相互接触，并形成骨架结构，小颗粒将大颗粒骨架填充完整的情况，该种情况下既可以达到很高的压实质量，又由于具备较多的大粒径颗粒，土体力学承载力、压缩性参数较好，是最为理想的土石混合填料。但在实际工程调配得到图 1-1（c）所示的最佳密实状态是基本无法实现的，更为实际的做法是在保证一定含石量的状况下，设置一定的级配等级或者级配要求，进而使得大粒径颗粒形成的骨架总能被小粒径颗粒所填满，而小粒径颗粒形成的骨架能够被相对更小一级的颗粒填充满。如此调配的土石混合料不仅具备良好的力学特征，同时具备良好易于压实、压缩性好的特性。因此，在土石混合料回填过程中，颗粒级配对于最终的压实质量会起到至关重要的影响。

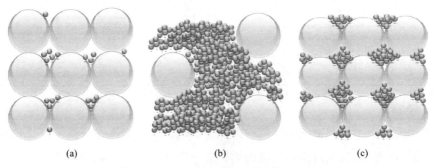

图 1-1　两种粒径情况下不同堆积模式

（a）大颗粒密实状态；　（b）小颗粒密实状态；　（c）最佳密实状态

第四节 各类压实质量控制指标

一、压实质量评价指标分类

目前，针对多个工程领域的压实质量检测国内外提出了多种方法和手段，如密度检测法、抗力检测法（检测刚度、模量、强度）、试验工程法（施工工艺参数控制）等。这些检测方法对应了不同的压实质量评价指标，总体而言，可将其分为压实质量物理评价指标和压实质量力学评价指标两大类。

压实质量物理评价指标采用填方材料的物理性能参数反映地基的压实质量，常用评价指标如压实度、孔隙率、空气体积率、相对密度等。这些压实质量物理评价指标意义明确，在规范中有相关规定，并在多个工程领域的压实质量检测中被广泛应用，但是压实质量物理评价指标实际上只能间接反映地基的力学性能是否能满足要求。

压实质量力学评价指标是从工程本身出发，以工程要求所需要的承载力、刚度作为控制目标，提出的一系列可以反映地基力学特征的指标方法。如常用的压实质量力学评价指标有动态变形模量、塑性变形增量、地基系数 K_{30} 等。各压实质量评价指标在检测时各有特点，因此，合理的选择压实质量评价指标可以避免经济损失和时间浪费，有必要对各种压实质量评价指标及其检测方法进行分析。

二、现行压实质量评价指标分析

（一）压实质量物理评价指标

1. 压实系数 K

现阶段土石混合料压实质量检测的主控指标仍为压实系数，其计算表达式为

$$K=\frac{\rho_d}{\rho_{d\max}}\times100\%\qquad\qquad(1-1)$$

式中　　K——压实系数（%）；

　　　　ρ_d——现场测试得到的干密度（g/cm³）；

$\rho_{d\max}$——标准最大干密度（g/cm³）。

　　对于土石混合料填方地基，标准最大干密度的有以下几种方法。一是当最大粒径小于 40mm 时，可通过击实试验获得；二是最大粒径超过 40mm，但仍主要以细粒料为主时，此时最大干密度确定分两个步骤，先对筛分得到 40mm 内的土体，用击实试验确定最大干密度，随后根据含石量（大于 40mm 颗粒占总样品的质量百分百）和石料比重采用规范中的修正公式，根据含石量进行最大干密度修正[0]；三是对于存在超粒径粒料的土石混合料，采用各种修正方法配合振动试验的方法确定最大干密度，如等量剔除法、相似级配法等，各种方法的详细计算方法会在本书后续章节详细介绍；最后是现场碾压试验，对于通过室内试验或修正公式无法准确得到最大干密度的土石混合料，通过现场碾压试验的方式确定最大干密度。

　　而现场干密度的确定主要包含以下几种方法。一是坑测法，即灌水法或灌砂法，该方法适用于各种粒组的土石混合料，且一般认为测试结果可作为标准结果校正其他方法，最为准确，但检测效率相对较低，尤其是试坑体积较大时所需要的人力成本较高；二是核子密度仪法，该方法对均匀介质的密度、含水量测试结果较为准确，但对于土石混合料测试结果的准确性还需要与现场坑测法结果进行对比；三是其他各种相关关系式法，需要事先针对同种土石混合料建立相关参数与灌水法密度结果的关系式，在相关性达到较高水平时，才可以使用该种方法进行后续检测。如在江西省的地方规程中有对基于力学参数评价路基压实质量的方法，此类方法的缺点是并非从原理层面直接测量土体压实质量，是一种根据相关关系进行压实质量评价的间接方法，但优点同样突出，一旦建立可靠的相关关系后，检测效率将会大幅度提升，检测频率也可以随之增加，进而对工程安全质量提供更为可靠的保证。

　　2. 空气体积率（空隙率、含气率）

　　根据前文描述可知，对于土石混合料来说，压实过程主要分两步，第一步是将大粒径填料间的孔隙填充密实，第二步主要是将细粒土间的空气排出。因此，土体中空气的体积可以在一定程度上描述土体的压实状态。空气体积率是描述土体中空气体积占土总体积百分比的参数，然而该参数无法直接通过试验测试得到，通常是根据其他测试参数计算得到，其计算表达式为

$$V_a = \frac{V_1}{V} = 1 - \frac{\rho_d}{\rho_w} \times \left(\frac{1}{\rho_s} + w \right) \qquad (1-2)$$

式中　ρ_s——填料的颗粒密度（g/cm³）；

$\quad\ \ \rho_w$——水的密度（g/cm³）；

$\quad\ \ V_1$——空气体积（cm³）；

$\quad\ \ V$——土的总体积（cm³）。

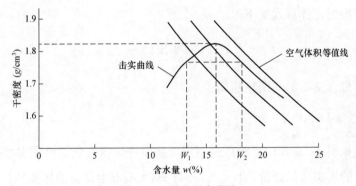

图 1-2　黏土击实曲线

从图 1-2 可以看出，每一干密度对应两个含水量，但在黏性土施工过程中由于受含水量影响较大而压实度指标不能反映哪个含水量下压实质量更好，从图 1-2 中的空气体积率等值线可以看出，当 $W_1 < W_2$ 时，$V_{a1} > V_{a2}$，说明在施工时含水量大些更有利于提高压实质量。由于空气体积率评价压实质量同时考虑了干密度、颗粒成分、含水量对压实过程的影响，因此，可以用空气体积率评价受含水量影响较大的地基施工中的压实质量。

3. 孔隙比

孔隙比的表达式为

$$e = \frac{V_2}{V_s} \qquad (1-3)$$

式中　e——土体孔隙比；

V_2——孔隙体积，包括水和空气体积（cm³）；

V_s——土的固体体积（cm³）。

4. 孔隙率

该指标在铁路建设领域作为压实质量控制指标之一广泛应用，当土体压实质量越好时，其对应的孔隙体积也会越小，孔隙率相应越低，其计算表达式为

$$n = \frac{V_2}{V} \times 100\% \qquad (1-4)$$

式中　V_2——孔隙体积，包括水和空气体积（cm³）。

上述指标中水和空气体积无法直接测量得到，因此，孔隙率主要是通过其他指标间接计算得到，计算式如下

$$n = \left(1 - \frac{\rho_d}{\rho_s}\right) \times 100\% \qquad (1-5)$$

式中字母含义与前文所述相同。

5. 固体体积率

固体体积率 G 是在由于被压材料用压实度评价压实质量时压实度存在超百的状况下提出的压实质量评价指标，常用来控制土石混填路基的压实质量。固体体积率表达式如下

$$G = \frac{V_s}{V} \qquad (1-6)$$

式中　V_s——土体中固体颗粒体积（cm³）；

　　　V——土体总体积（cm³）。

其计算方式通常有两种，一种是通过排水法直接测量土体体积，也就是按照灌砂（灌水法）步骤将土体试样取出，将试样烘干后放入有刻度的量桶中，通过加入固定体积的水读取刻度后计算土体体积，该方法对不可溶性岩石为主的土石混合料效果较好。另一种方法则是通过计算最大干密度和颗粒密度得到，其计算式为

$$G = \frac{1}{1+e} = \frac{\rho_d}{\rho_s} \times 100\% \qquad (1-7)$$

式中　e——土体孔隙比。

对于土石混合料来说，颗粒密度应采取根据粒径大小分组加权计算的方法，详

细计算步骤后文详述。

6. 相对密度

砂土和土石混填的路基密实程度在一定程度上可以用孔隙比来反映,但是砂土和土石混填路基的孔隙比受级配和颗粒形状影响较大,为了能够同时考虑级配和颗粒形状的影响,提出用相对密度来描述散粒体的密实程度,采用相对密度评价指标克服了用孔隙比指标不能准确评价砂土和土石混填路基压实质量的缺陷。其计算公式如下

$$D_r = \frac{e_{max} - e}{e_{max} - e_{min}} \qquad (1-8)$$

式中　　D_r ——相对密度;

　　　　e_{max} ——最紧密状态下孔隙比;

　　　　e_{min} ——最松散状态下孔隙比。

尽管相对密度克服了用孔隙比指标无法准确评价砂土和土石混合料地基压实质量的缺陷,但同样其整个计算过程需要土体达到最紧密和最松散两种状态,某种程度来说相比最大干密度的求解更为复杂,因此,在实际工程中采用相对密度作为压实质量控制指标的实例并不多见。

(二)压实质量力学评价指标

压实质量力学评价指标大致可以分为两类。一是地基刚度和模量检测,常用的检测方法有平板载荷试验、(落锤式弯沉仪)、手持式落锤弯沉仪、贝克曼梁法等;二是地基承载力检测,主要检测方法有平板载荷试验、动力触探法等。地基刚度和承载力要求是最为直接反映地基压实质量是否满足设计要求的指标,但受限于检测效率往往根据一定的比例进行抽检。

1. 地基系数 K_{30}

地基系数与检测路基材料的性质、试验设备载荷板尺寸、含水量、试验加载方法等有关。K_{30} 是用直径 30cm 刚性荷载板采用静压平板载荷试验,取图 1-3 中沉降量 1.25mm 时对应的荷载 P_0 值,其计算式如下

$$K_{30} = \frac{P_0}{0.125} = 8P_0 \qquad (1-9)$$

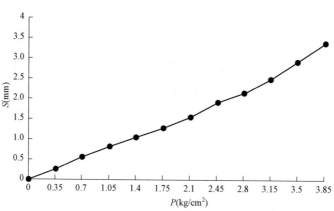

图 1-3 压力 P 与沉降 S 关系曲线

K_{30} 表示了碾压层 45~60cm 内单位压力下的变形值，综合反映路基的强度和变形，基本上适用于各类土质路基。从图 1-3 可以看出沉降 S 在 1.25mm 时，应力—应变曲线的斜率基本处于一定值，K_{30} 即为该直线段的斜率。

但需要说明的一点是，K_{30} 在公路领域应用广泛，并已纳入规范成为衡量路基压实质量的一个主要检测指标。但对于土石混合料填方地基，由于填料粒径较大，会出现填料粒径与荷载板直径不匹配情况，测试得到的 K_{30} 数据离散性强，对于评价地基压实质量的参考性不强。

2. 动弹性模量

在公路路基检测领域，随着道路行车量的增加，对路基的冲击力也越来越大，为了提高路面行驶的舒适性，对路基路面压实质量的要求更高。而地基系数、变形模量不能反映路基路面承受动载荷的真实情况，经过试验研究提出新的可以直接反映受载作用下道路真实动态变形模量的指标——E_{vd}。并且由于手持式落锤弯沉仪的研发，不仅可以准确测量得到地基的动弹性模量，同时还极大地提高了检测效率。动弹性模量计算式为

$$E_{vd} = 1.5 \times r \times \sigma / s \qquad (1-10)$$

式中　E_{vd}——动弹性模量（MPa）；

　　　1.5——承载板形状影响系数；

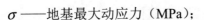

σ ——地基最大动应力（MPa）；

s ——承载板沉陷值（mm）；

r ——承载板半径（mm）。

动态弹性模量在我国铁路施工中已经初步开始应用，并规定了级配砂砾石、级配碎石、中粗砂的动态弹性模量标准。但对于土石混合料来说还尚未有统一标准，因此，可以对该指标进行更深入的研究，将其纳入土石混合料填方地基检测指标中。

3. 沉降量及沉降率

沉降量（率）通常用于填石路基或者土石混填地基施工中用水准仪测定压实后的塑性变形增量结合碾压遍数共同控制压实质量，称为沉降观测法或者塑性变形法。具体做法是：首先在预实验按规定的施工工艺参数（一定碾压遍数、压实功能、速度等）得到用灌砂法或环刀法检测的压实度与沉降量的关系；然后压实前在场地内设置若干个观测点，并在每个测点做好标记；碾压每遍后用高精度水准仪测定各标定测点的沉降量，将检测值与沉降量目标值对比，若沉降量在规定沉降量范围内即认为地基压实质量合格。此方法经常和压实度检测指标联合使用，通过控制碾压遍数控制地基压实质量。目前该方法在土石混合料填方工程领域应用相对较少，还需要进一步深入研究其适用条件和准确性。

4. 承载力特征值

承载力特征值是设计人员根据工程荷载并保证一定安全系数条件下所确定的承载力要求，对于工程安全而言是最重要也是最基础的指标。对于土石混合料填方地基来说，主要通过平板载荷试验得到。具体操作为在一定尺寸的承压板上逐级加载，并检测承压板沉降量，从而得到压力—沉降曲线。并根据以下规定确定承载力特征值：

当压力—沉降曲线上有比例界限时，取该比例界限所对应的荷载值。

地基土平板载荷试验，当极限荷载小于对应比例界限荷载的 2 倍时，应取极限荷载值的一半；岩基荷载试验，当极限荷载小于对应比例界限荷载值的 3 倍，应取极限荷载值的 1/3。

当加载至要求最大荷载时，且压力—沉降曲线上无法确定比例界限，承载力又没达到极限时，地基土平板载荷试验应取最大试验荷载的一半所对应的荷载值，岩基载荷试验应取最大试验荷载的 1/3 所对应的荷载值。

当按相对变形值确定天然地基及人工地基承载力特征值时,可根据地基变形取值确定,且所取的承载力特征值不应大于最大试验荷载的一半。当地基土性质不确定时,对应变形值宜取 0.010b;对有经验的地区,可以按照当地经验确定对应的变形值。

5. 变形模量

地基变形模量同样是设计人员根据工程荷载及变形要求给出的地基安全指标,对于土石混合料填方地基来说,同样通过平板载荷试验得到,其具体计算式如下

$$E_0 = I_0(1-\mu^2)\frac{pb}{s} \qquad (1-11)$$

式中　E_0——变形模量(MPa);

　　　I_0——刚性承压板的形状系数,圆形承压板取 0.785,方形承压板取 0.886,矩形承压板当长宽比等于 1.2 时,取 0.809,长宽比等于 2.0 时,取 0.626,其余情况内插计算得到;

　　　μ——土的泊松比,根据工程经验或地勘资料确定;

　　　b——承压板直径或边长(m);

　　　p——压力—沉降曲线线性段的压力值(kPa);

　　　s——与 p 对应的沉降量(mm)。

6. 动力触探击数

利用一定质量的重锤,将与探杆相连接的标准规格的探头打入土中,根据探头贯入土中 10cm 或 30cm 时(其中 N_{10} 为每 30cm 记一次数,$N_{63.5}$ 和 N_{120} 为每 10cm 记一次数)所需要的锤击次数。对于土石混合料填方地基来说,由于含有碎石,一般采用超重型动力触探试验,即重锤质量为 120kg,根据 N_{120} 数据查表推断相应的地基承载力特征值以及对土体密实程度进行分类。

以上详细介绍了多种物理、力学压实质量控制指标的计算方法,并对每个指标的检测方法和适用性做了简单说明,为了更加直观地对比各个指标的适用性,将多个压实质量评价指标的参数意义和特点汇总于表 1-2。

表 1 – 2 不同压实质量评价指标的工程意义及适用性评价

评价指标	工程意义	指标特征
压实系数	干密度与最大干密度的比值,表示地基的相对密实情况	优点:直观有效评价地基压实质量 缺点:最大干密度确定困难,且由于最大干密度不均匀性影响有时难以得到准确值
空气体积率	土体中空气体积与土体总体积的比值	优点:无需知晓最大干密度就可对地基压实质量进行评价,可考虑含水量对压实质量的影响 缺点:是一个绝对参量,作为压实质量控制标准受土石种类影响较大,且尚无标准中规定控制标准
孔隙率	土体中液体、气体体积之和与土体总体积的比值	优点:无需知晓最大干密度,就可以对地基压实质量进行评价 缺点:是一个绝对参量,作为压实质量控制标准受土石种类影响较大
固体体积率	土体中固体颗粒体积与土体总体积之比	优点:无需知晓最大干密度,就可以对地基压实质量进行评价 缺点:是一个绝对参量,作为压实质量控制标准受土石种类影响较大
相对密度	最大孔隙比—现场孔隙比与最大孔隙比减最小孔隙比的比值	优点:直观有效评价地基压实质量 缺点:计算复杂,获取困难
地基系数 K_{30}	线性范围内压力与沉降的比值	优点:直观反映地基刚度特征 缺点:K_{30} 参量可能不适用于土石混合料等大粒径土体
动弹性模量	土体在动力荷载作用下的弹性模量值	优点:基于便携式落锤弯沉仪可以快速获得测试结果 缺点:对土石混合料填方工程,无法直接反映地基静荷载作用下的变形特征,往往需要与其他参数建立相互关系简介评价
沉降量及沉降率	土体在施工过程(碾压、强夯等)中的总沉降量和单位施工次数的沉降速率	优点:无损快速检测 缺点:针对不同类别的土石料沉降量和沉降率不同,很难直接作为压实质量评价指标
承载力特征值	根据平板载荷试验得到地基安全情况下的承载力值	优点:直接反映地基的承载力情况 缺点:耗时耗力、检测密度低
变形模量	根据平板载荷试验得到地基在一定荷载范围内的刚度情况	优点:直接反映地基的刚度情况 缺点:耗时耗力、检测密度低

三、压实质量评价指标之间的相关性分析

压实质量物理评价指标涉及与压实材料的物理性质有关的参数有干密度、颗粒密度等,因此,通过相互之间的换算可以得到彼此之间的关系,同理,各压实质量力学评价指标之间的关系可以通过换算或者施工现场实验得到。为了在施工现场中能找到压实质量评价指标之间的关系及选择合适快速的检测方法,有必要对压实质量评价指标之间的关系进行分析研究。

（一）物理指标之间的相关性

在实际计算过程中，一般孔隙率通过孔隙比求得，两者之间的关系为

$$e = \frac{n}{1-n} \qquad (1-12)$$

孔隙比 e 的计算公式为

$$e = \frac{G_s(1+w)}{\rho} - 1 \qquad (1-13)$$

式中　ρ ——天然密度（g/cm³）；

　　　w ——含水量（%）；

　　　G_s ——土颗粒比重。

结合压实系数计算公式，则可推导得到孔隙率与压实系数之间的关系

$$\rho = \rho_d(1+w) = K\rho_{d\max}(1+w) \qquad (1-14)$$

$$n = \frac{e}{1+e} = \frac{\dfrac{G_s}{K\rho_{d\max}} - 1}{1 + \dfrac{G_s}{K\rho_{d\max}} - 1} = 1 - \frac{K\rho_{d\max}}{G_s} \qquad (1-15)$$

从式（1-14）可知，对同一场地来说，若 $\rho_{d\max}$ 和是 G_s 固定值，则此时的压实系数与孔隙率存在一一对应的线性关系。

（二）其他压实指标之间的相关性

除各项物理指标之间存在相关关系外，不同的物理指标、力学指标及其他指标间也存在不同程度的相关关系，并已为很多专家学者所验证，表1-3总结了9篇国内学者关于不同压实质量控制指标的相关性分析结果，包括剪切波速、动弹性模量、压实系数、固体体积率、孔隙率等指标间的相关关系。

表1-3　　　　　　　　　不同压实质量评价指标间的相关性分析表

填料类型	相关参数1	相关参数2	相关关系	相关系数	参考文献
碎石土	地基系数 K_{30}	动弹性模量 E_{vd}	$K_{30} = 3.10E_{vd} + 14.3$	0.915	[8]
级配碎石			$K_{30} = 3.49E_{vd} + 14.4$	0.915	

续表

填料类型	相关参数 1	相关参数 2	相关关系	相关系数	参考文献
水库土石坝坝体土石料	PFWD 测试得到的荷载及位移时程曲线的动力学特征值，包括刚度、时差、振幅、频差、阻抗和频率	湿密度、含水率	通过 BP 神经网络建立二者之间多参量的非线性关系	湿密度预测平均相对误差 0.60%，最大相对误差 2.57%；干密度平均相对误差 1.08%，最大相对误差 3.24%	[27]
大批量具有不同介质密度、含水量、土石比、饱和度的土石复合介质试样	剪切波速	压实度	$y = 13.321x^{0.3537}$	$R^2 = 0.9339$	[9]
石灰和粉煤灰混合料	$CV = A_4/A_2 \times 300$；其中，CV 表示压实监测值，A_4、A_2 分别表示加速度频谱中基频和二次谐波对应的幅值	压实度 D；动态变形模量 E_{vd}	$E_{vd} = 0.7526CV + 5.8603$ $D = 0.0054E_{vd} + 0.7984$	$R^2 = 0.8325$ $R^2 = 0.8738$	[10]
土石混合料	剪切波速	表征压实度 $K_b = \rho_b/\rho_{dmax}$ 式中，ρ_b 为表征干密度，即土石混合料中细粒土的平均干密度；ρ_{dmax} 为相应细粒土室内标准击实试验所得最大干密度	根据瑞雷波技术测试得到面波波速→计算宏观剪切波速→根据剪切波速关系模型计算土石混合料中细粒土剪切波速→计算细粒土干密度→计算表征压实度	总体情况良好	[11]
多土类土石混合料，最大粒径不超过 15cm	沉降量 s	压实度 K	$K = 110.8 - 8.727\,2s$	$R^2 = 0.500$	[12]
	沉降量 s 含水率 W	压实度 K	$K = 114.977 - 6.775s - 0.792W$	标准残差在 $-1.45\sim1.97$ 之间	
多石类土石混合料，最大粒径不超过 15cm	沉降量 s	固体体积率 V_k	$V_k = 92.94e^{-0.058s}$	$R^2 = 0.566$	
	沉降量 s 大于 40mm 颗粒含量 P_{40}	固体体积率 V_k	$V_k = 90.977 - 4.862s + 0.224P_{40}$	标准残差在 $-1.73\sim1.95$ 之间	
多土类土石混合料	$CMV = C \cdot A_2/A_1$ CMV 表示连续压实指标，A_2 与 A_1 指震动加速度信号基波和二次谐波分量大小，C 是一个无量纲常熟	压实度 K	$CMV = 77.23K - 53.56$	$R^2 = 0.88$	[13]
		空隙率 n	$CMV = -153.45n + 47$	$R^2 = 0.87$	
		动态变形模量 E_{vd}	$CMV = 0.45E_{vd} - 5.19$	$R^2 = 0.81$	
		二次变形模量 E_{v2}	$CMV = 0.11E_{v2} + 0.95$	$R^2 = 0.89$	
土石混合料，最大粒径不大于填铺厚度的 2/3	沉降率 u_n 指沉降量与松铺厚度之间的比值	干密度 ρ_d	$\rho_d = 1.98 + 1.98u_n$	$R^2 = 0.9586$	[14]
		孔隙比 n	$n = 0.42 - 1.42u_n$	$R^2 = 0.9829$	
砂性土室内试验	动弹性模量 E_{vd}	压实度 K	$K = 1.366e^{3.975E_{vd}}$	$R^2 = 0.994$	[15]

续表

填料类型	相关参数 1	相关参数 2	相关关系	相关系数	参考文献
石灰稳定土室内试验	动弹性模量 E_{vd}	压实度 K	$K=2.762\mathrm{e}^{3.066E_{vd}}$	$R^2=0.988$	
石灰稳定土现场实测	动弹性模量 E_{vd}	压实度 K	$K=4.659\ln(E_{vd})+74.54$	$R^2=0.640$	
碎石土室内试验（10%碎石土）			$E_{vd}=3.368\mathrm{e}^{2.906K}$	$R^2=0.994$	[15]
30%碎石土	动弹性模量 E_{vd}	压实度 K	$E_{vd}=15.53\mathrm{e}^{1.501K}$	$R^2=0.962$	
50%碎石土			$E_{vd}=9.272\mathrm{e}^{1.825K}$	$R^2=0.941$	
70%碎石土			$E_{vd}=6.671\mathrm{e}^{2.245K}$	$R^2=0.984$	
90%碎石土			$E_{vd}=2.781\mathrm{e}^{3.312K}$	$R^2=0.919$	

由表 1-3 中文献 [15] 的相关性分析数据可知，当含石量固定、含水率固定时，动弹性模量与干密度、湿密度、压实系数等压实质量常用控制指标间存在良好的相互关系。无论是通过神经网络模型或是曲线拟合的方式建立两者之间的关系，其相关系数均可达到 0.9 以上，这说明对于同一种类的土石混合料，通过动弹性模量达到控制压实质量的目标是切实可行的，唯一需要注意的一点是需要针对不同的含石量、不同的含水率建立不同的相关性模型。

由表 1-3 中文献 [14] 的相关性分析数据可知，沉降差与压实系数（固体体积率、空隙率）等常规压实质量控制指标间存在一定的相关关系，但相关系数仅在 0.5～0.6 之间，即相关性并非很强；但若建立沉降率与压实系数（固体体积率、空隙率）等常规压实质量控制指标间的相互关系，则两者之间的相关系数可以达到 0.95 以上，具备良好的相关性，在实际工程中可以基于上述关系采用监控沉降率的方式评价压实质量。但同样需要注意的是，压实质量受多因素综合影响，对于多土类土石混合料来说，含水率是影响其压实特性的重要因素，建立沉降率与压实系数之间的关系时含水率应维持在相对固定的区间内；同理，对于多石类土石混合料来说，含石量是影响其压实质量的重要因素，建立沉降率与压实系数之间的关系时含石量应维持在相对固定的区间内。因此，基于沉降率或沉降差评价压实质量的评价体系，首先需根据含石量及含水率的不同划分不同场区，再针对每个场区分别建立沉降率评价体系。

　　由表 1-3 中文献 [13] 的相关性分析数据可知，连续压实质量控制指标 CMV 与常规压实质量控制指标间存在良好的相关性，如文献 [13] [15] 中 CMV 与动弹性模量、压实系数、二次变形模量和孔隙率的相关系数均在 0.8 以上，表明根据压路机碾压加速度指标反映压实质量是切实可行的。

　　由表 1-3 中文献 [9] [11] 的相关性分析数据可知，剪切波速与土石混合料的压实质量之间存在一定的相关关系。文献 0 建立了剪切波速与土石混合料整体压实系数之间的相互关系，结论显示对于相同种类土石混合料，在含石量和含水率相同情况下，两者具备良好的相互关系，且相关系数在 0.9 以上。文献 [11] 则以土石混合料中细粒土密度为研究对象，建立了剪切波速与细粒土密度之间的相关关系式，并根据细粒土密度评价不同含石量情况下的土石混合料压实质量，该方法评价土石混合料压实质量的体系更为严谨、全面，且经室内试验验证取得了较好的效果，但所需参数太多、无实际工程支持，其效果还有待进一步研究。

　　总结上述多个指标与常规压实质量控制指标间的相互关系可知，动弹性模量、连续压实质量控制指标、沉降率和剪切波速等均和压实系数（孔隙率、固体体积率）之间存在良好的相互关系，但存在前提条件，即针对相同种类的土石混合料，包括土石种类、含石量和含水率等维持在相对固定的水平。此时，根据上述相互关系，则可以建立多种不同的压实质量评价体系，实现土石混合料压实质量的快速评价、连续评价等目标。

第二章

土石混合填料的力学特性

　　土石混合料是由土和岩块（碎石）组成的复合体。混合料中土的种类不同，岩块的种类及含量不同，相应强度和变形特征亦不同。其强度参数不仅取决于土料和石料本身的强度，还与混合料的空隙压密、粗颗粒的接触状态、细粒的含水量等众多因素有关，但各因素的影响机制目前并未有统一的结论，所以目前还没有一种理论系统的阐述土石混合料的力学性质。

　　近年来，随着我国工程用地的日渐紧张，外加考虑到工程施工到人居环境的负面影响，许多诸如电厂、变电站等大型建构筑物已"迁移"到山区。而山区大量的土质情况均较复杂，大多为残坡积的土石混合料，而且在山区进行大面积施工，往往形成大范围的填方边坡，该类型边坡长度可达数百米，填方高度可至几十米。对于高填方边坡来说，对工程安全影响最大的是边坡稳定性，而在边坡稳定性中起决定性因素的参数是土体强度，即土体黏聚力和摩擦角。对于常见均匀介质来说，黏聚力或摩擦力可以通过三轴试验、剪切试验等室内试验得到，且对于均匀介质来说并无太大变异性，经过一定的数据处理后可以直接应用于工程设计。而对于土石混合料来说，由于其填料的不均匀性，其剪切特征与常规均匀土体有所不同。一方面是其强度参数会呈现出较强的空间变异性特征，也就是说不同区域位置处的强度参数会有所不同；另一方面则是受土石混合料含石量、级配、最大粒径等因素影响，究竟土石混合料强度是有所提高，还是反而降低，现有规范中并无详细说明。除边坡稳定性外，另一个值得关注的问题就是填方地基的工后沉降，过大的工后沉降或不均匀工后沉降会对上部结构的正常使用带来安全隐患。而与该问题相关性最强的是土石混合料的压缩特性，即不同类别的土石混合料呈现怎样的压缩特征，需要在

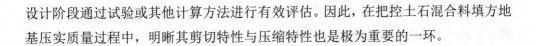

设计阶段通过试验或其他计算方法进行有效评估。因此，在把控土石混合料填方地基压实质量过程中，明晰其剪切特性与压缩特性也是极为重要的一环。

第一节　土石混合填料的剪切特性

一、含石量对土石混合填料剪切特性的影响

有研究表明在对土石混合料有用室内大型三轴仪进行试验，得出的含石量对土石混合料强度的影响规律为：当含石量小于 30% 时，混合料的抗剪强度基本上取决于细料，而当含石量介于 30% 和 70% 时，混合料的抗剪强度取决于粗细料的共同作用，并随含石量的增加而显著增大。而当含石量大于 70% 时，混合料的抗剪强度主要取决于粗粒，并随含石量的增大，抗剪强度略有减小。其余类似试验的结果也证明了这一规律，只是在第一个分界点有所不同，均在 30%~40% 之间。

参考文献［18］对不同含石量情况下土石混合料的剪切破坏形式做了详细研究，结果显示：当含石量较低时，土石混合料的剪应力—剪切位移曲线呈现应变硬化特征。当剪切位移在 15~30mm 之前时，剪应力随剪切位移增长较快；之后剪应力仍持续增长但增长速度显著变缓，整个剪切过程没有明显峰值剪应力出现。当含石量较高时，剪应力—剪切位移曲线呈现应变软化特征，剪切过程经历应变硬化、应变软化、残余变形三个阶段。当剪切位移在 20~30mm 之前时，剪应力随剪切位移逐渐增长，达到峰值剪应力；之后出现应变软化，剪应力随剪切位移增大逐渐减小。当含石量中等时，剪应力—剪切位移曲线为近似塑性应变破坏模式，无明显峰值剪应力出现，曲线主要分应变硬化和塑性变形两个阶段，高应力状态下（800kPa）出现轻微软化现象。

值得注意的是，较高法向应力（800kPa）作用下剪应力—剪切位移曲线随着含石量的增大呈现出较明显的应变硬化—塑性应变—应变软化变化特征，而较低法向应力作用下这一变化特征则并不明显。

土石混合料剪应力—剪切位移曲线随含石量增大呈现出应变硬化—塑性应变—应变软化的变化特征，从颗粒之间的相互作用及颗粒破碎角度对此现象进行分析，土石混合料含石量较低时，块石随机分布在土粒中，块石与块石之间接触较少，剪切过程

中块石翻转、错动、相互位置的调整普遍，颗粒破碎现象较少，块石的翻转、错动及相互位置的调整需要一定的能量提供，故剪应力持续增大。剪切初期，由于法向应力作用颗粒之间的黏聚力及摩擦力较大，故剪应力增长较快；剪切后期剪切带逐渐形成，剪应力增长逐渐变缓，故整个剪切过程曲线呈现出应变硬化特征。当含石量较高时，块石之间形成明显的骨架，土粒填充块石间隙，块石颗粒之间由于闭锁、咬合等现象使得翻转滚动等更不易发生，颗粒破碎程度较高。颗粒破碎一方面削弱了颗粒之间的闭锁、咬合作用，另一方面使得颗粒内部的弹性能得以释放，故剪应力开始降低，剪应力—剪切位移曲线出现软化现象。之后更多颗粒发生破碎或被剪断，剪切带贯通形成完整剪切面，剪切进入残余变形阶段，最终稳定在低于峰值的某一强度。当含石量中等时，颗粒破碎程度处于中等水平，土石混合料破坏模式由颗粒翻转、错动等和颗粒破碎共同作用，故破坏模式也处于上述两者之间，近似于塑性应变特征。

不同含石量剪应力—剪切位移变化曲线如图 2-1 所示。

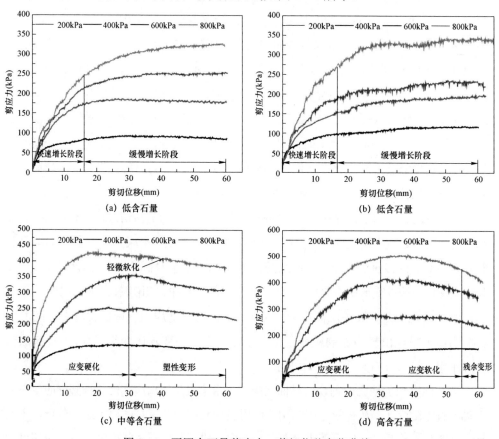

图 2-1　不同含石量剪应力—剪切位移变化曲线

二、块石尺寸对土石混合填料剪切特性的影响

土石混合料的抗剪强度不仅与含石多少有关，还与混合料中的块石尺寸有关。以卵砾石为粗骨粒，含砂低液限黏土为细粒，固定含石量为 50%的土石混合料为例，通过室内三轴试验研究了 4 种不同块石尺寸下的土石混合料的强度，结果表明：随着块石尺寸的增大，试样的峰值强度明显减小，高围下尤其显著。参考文献［19］的研究也得出了相同的结论：随最大粒径增大，土石混合料咬合力降低。当最大粒径为 40～50mm 时，其抗剪强度达最大值，当最大粒径大于 50mm 时，随最大粒径增大，抗剪强度迅速下降，因此建议在实际施工中宜将最大粒径控制在 40～50mm。同时，参考文献［19］的试验结果表明混合料的干密度越大，其内摩擦角和咬合力也越大，当干密度增加到一定程度后，内摩擦解和咬合力的增加梯度变小。

三、含水率对土石混合填料剪切特性的影响

混合料中粗集料成分不同，土石间的水分转移不同，中南电力设计院曾对红砂岩和中风化泥质页岩作为粗集料的土石混合料不同含水率情况下的剪切特征进行研究，试验结果发现对于红砂岩—粉质黏土混合料，细料含水量由风干样（含水量 8%）增加到塑限的过程中内摩擦角微降，当含水量由塑限增加到液限的过程中内摩擦角急剧降低。黏聚力随含水量的发展趋势则是当含水量由 8%增加到 30%下降比较明显，而当含水量由 30%增加到 40%，黏聚力只发生了细微的降低。而中风化泥质页岩—粉质黏土混合料的强度参数随含水量的变化规律则不同，当细料由风干样增湿为塑限样时，内摩擦角只发生了细微的降低（仅 1.25°），而黏聚力降幅明显，当细料含水量由 20%增加到 30%时，内摩擦角和黏聚力都发生了明显的下降。而当含水量由 30%增长到 40%时，内摩擦角基本不变，而黏聚力发生了增长。这是在混合料内部由于细料变软剪切力由细料为主过渡到以块石为主，所以黏聚力发生了增长，同时含水量由 40%对应的黏聚力和两种状态的浸水剪切得到的对应值基本相等的情况也有力地证明了这一点，当混合料中为高含水量细料时，剪切力主要由块石承担，所以可以认为细料含水量高于液限后，混合料的黏聚力（嵌固力）

基本不会发生变化，而内摩擦角会急剧下降。

对于浸水剪切试验而言，浸水与压缩的顺序不同，试验结果不同，先浸水后压缩，水先充满混合料的空隙而后进行压缩，水分会有一部分排除，但是混合料中的细料中势必持水量比压缩后浸水的要高，所得先浸水后压缩的强度指标都要比先压缩后浸水的要低。

第二节 土石混合填料的压缩特性

一、含石量对土石混合填料压缩特性的影响

中南电力设计院基于自主研发的大型击实仪，分别对不同类别土石混合料的压缩特性进行了研究。结果显示，对于硬质岩土石混合料来说（灰岩），在 90～190kPa 压力段的压缩模量，当含石量由 40%增长到 100%的区间内，压缩模量增幅明显增大。而对于 390～490kPa 压力段的压缩模量而言，不同含石量工况下的压缩模量差异很小，或仅在含水率较高情况下有较小幅度的增长。

含石量对灰岩—粉质黏土混合料压缩模量的影响如图 2-2 和图 2-3 所示。

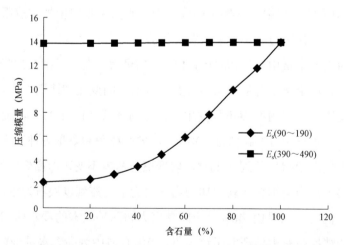

图 2-2 含石量对灰岩—粉质黏土混合料压缩模量的影响（$w_{细}$=20%）

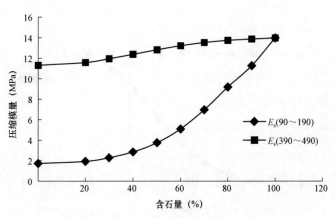

图 2-3　含石量对灰岩—粉质黏土混合料压缩模量的影响（$w_{细}=30\%$）

对中风化泥质页岩土石混合料不同含石量情况下的压缩模量变化曲线则有所不同，在 90～190kPa 压力段的压缩模量，含石量对压缩模量的影响有三个区间：含石量 0%～30%区间，压缩模量随含石量缓慢增长；含石量 30%～80%区间，压缩模量随含石量急剧增加；含石量 80%～100%区间，压缩模量随含石量缓慢增长。390～490kPa 压力段的压缩模量则随含石量的增加呈现完全不同的规律，当细料含水量较低时，压缩模量随含石量减小，当细料含水量较高时，压缩模量随含石量微增。

含石量对中风化泥质页岩—粉质黏土混合料压缩模量的影响如图 2-4 和图 2-5 所示。

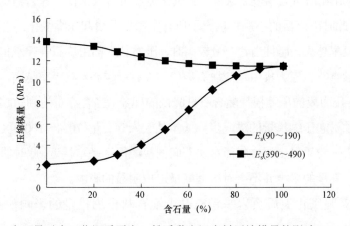

图 2-4　含石量对中风化泥质页岩—粉质黏土混合料压缩模量的影响（$w_{细}=20\%$）

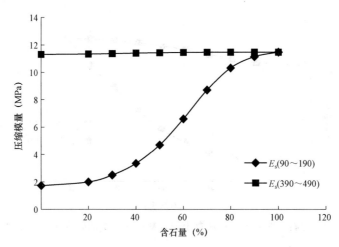

图 2-5　含石量对中风化泥质页岩—粉质黏土混合料压缩模量的影响（$w_{细}=30\%$）

对于强风化泥质页岩土石混合料，压缩模量随含石量变化的规律又与前两种粒料有显著区别。在 90~190kPa 压力段的压缩模量，含石量对此压力段压缩模量也可分为三个区间：含石量 0%~20%区间，压缩模量细微增长，含石量 20%~70%区间，压缩模量随含石量快速增长，含石量 70%~100%区间，压缩模量随含石量缓慢增长。而对于 390~490kPa 压力段的压缩模量而言，细料含水量为 20%和 30%时，压缩模量都随含石量的增加而减小，而当含石量 70%~100%这一区间，压缩模量微降（降幅分别为 1.11%和 0.75%）。对于强风化泥质页岩—粉质黏土混合料 390~490kPa 压力段的压缩模量随含石量的降低主要与强风化泥质页岩的破碎有关，在 390~490kPa 压力下，强风化泥质页岩易发生破碎（强风化泥质页岩仅保留了原岩结构，而成分接近老黏土），此时破碎后的小颗粒填充于原有空隙中并引起压缩变化。含石量越高，块石间接触概率越大，而且当含石量较高时，压力基本都由块石骨架承担，压力作用下块石间接触点发生应力集中造成块石破碎，含石量越高，破碎率越高，所以出现了 390~490kPa 压力段的压缩模量随含石量降低的现象。当含石量达到 70%以后，继续增加含石量并引起压缩模量的进一步降低，是因为含石量 70%~100%区间，对于强风化泥质页岩—粉质黏土混合料而言块石间的接触概率基本接近，此时的土料仅填充于块石之间，其量的多少并不会对压缩模量造成明显的影响。

含石量对强风化泥质页岩—粉质黏土混合料压缩模量的影响如图 2-6 和图 2-7 所示。

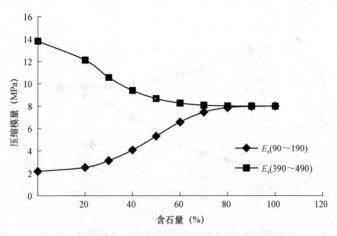

图 2-6　含石量对强风化泥质页岩—粉质黏土混合料压缩模量的影响（$w_{细}=20\%$）

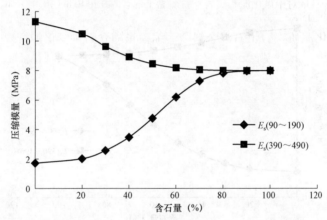

图 2-7　含石量对强风化泥质页岩—粉质黏土混合料压缩模量的影响（$w_{细}=30\%$）

对于红砂岩土石混合料不同含石量情况下的压缩模量规律，与前三种混合料的压缩模量变化曲线对比可发现，对于 90～190kPa 压力段的压缩模量来说，其变化规律不同，含石量 0～30%区间，压缩模量细微增长，含石量 30%～80%区间，压缩模量随含石量较快增长，80%～100%区间，压缩模量继续随含石量增长，但是增长幅度有所降低。对于灰岩—粉质黏土混合料，80%～100%区间内压缩模量随含石量以更大的增幅增长；而中风化泥质页岩—粉质黏土混合料、中风化泥质页岩—粉质黏土混合料，80%～100%区间内压缩模量基本不随含石量发生变化，说明粗集料类型还是会对压缩模量有较明显的影响。而对于 390～490kPa 压力段的压缩模量而言，压缩模量随含石量的变化规律与泥质页岩—粉质黏土混合料是类似的。

含石量对红砂岩—粉质黏土混合料压缩模量的影响如图 2-8 和图 2-9 所示。

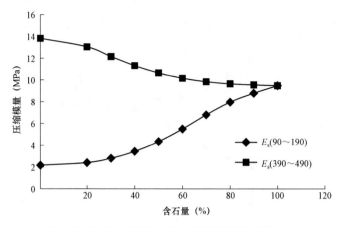

图 2-8　含石量对红砂岩—粉质黏土混合料压缩模量的影响（$w_{细}=20\%$）

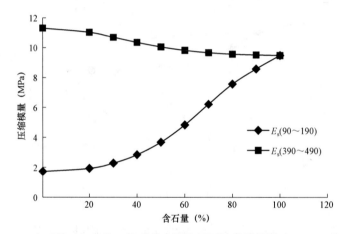

图 2-9　含石量对红砂岩—粉质黏土混合料压缩模量的影响（$w_{细}=30\%$）

二、含水率对土石混合填料压缩特性的影响

按照前面几种混合料的分析思路，取 90～190kPa 压力段和 390～490kPa 压力段的压缩模量进行对照分析，两种混合料的不同含水量条件下的压缩模量分别见图 2-10 和图 2-11。整体趋势是细料含水量越高，压缩模量越低，但是两种混合料的变化幅度略有差别。当粗集料为中风化泥质页岩时，细料含水量为 8%、20% 和 30% 时的比较接近，但是 90～190kPa 压力段和 390～490kPa 压力段的压缩模量都是细料含水量为接近最优含水量时最大，而当细料含水量增加到 40% 时，压缩

模量明显降低。而当粗集料换成红砂岩后，细料含水量8%时对应的压缩模量是最大的，当细料含水量增加到 20%时，两压力段的压缩模量都明显降低，而后虽然含水量从 20%增到 40%，但是混合料的压缩模量降幅并不大，特别是 390～490kPa压力段的压缩模量基本无变化，其原因主要是当含水量由 20%增至 40%的过程中，红砂岩大量吸附了细料中的水分，细料状态并没有过多的改变，所以宏观反映出来的压缩模量并没有太大的变化。

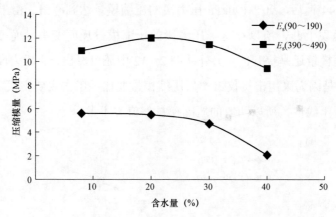

图 2-10　含水量对中风化泥质岩—粉质黏土混合料压缩模量的影响

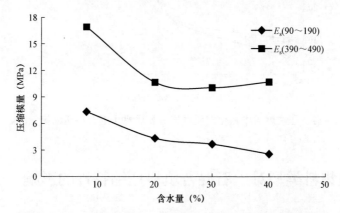

图 2-11　含水量对红砂岩—粉质黏土混合料压缩模量的影响

三、压实度对土石混合填料压缩特性的影响

将 90～190kPa 和 390～490kPa 两个压力段的压缩模量示于图 2-12 中，可见

压缩模量并非随初始干密度线性增长，因为 50%含石量时，混合料中岩块已经形成部分骨架，所以在手工压实（初始干密度 1.524g/cm³）和锤击 36 锤之间的区别仅仅是其中细料的压实为主，块石间的相对位置变化不是特别明显，而当锤击数由 36 锤增加到 72 锤时，块石之间由相对松散结构向紧密结构发展，虽然密度变化并不是特别明显，但是块石间的嵌固程度由于堆积模式的改变发生有大幅改善，所以压缩模量大幅提升（提升了 7.5MPa），随后压缩模量随击实锤数的增幅变小。而当击实锤数达 144 锤后，90～190kPa 压力段的压缩模量达到峰值，由于击实 240 锤的压缩曲线呈现上凸，所以在这一压力段的压缩模量反而变小，而 390～490kPa 压力段的压缩模量还是提升的。另外从图 2－12 中还可看出，两压力段的压缩模量较为接近，这是因为采用击实仪击实后压缩模量要比手工击实要高很多，混合料的压缩曲线接近于线性，所以两段的压缩模量差值并不大。

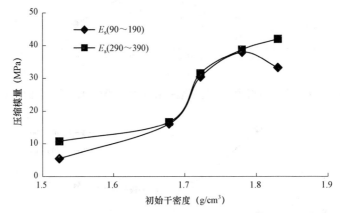

图 2－12　压实度对中风化泥质页岩—粉质黏土混合料压缩模量的影响

四、粗集料类型对土石混合填料压缩特性的影响

四种粗集料的强度值见表 2－1，其强度为：灰岩＞中风化泥质页岩＞红砂岩＞强风化泥质页岩。对于 90～190kPa 压力段的压缩模量而言，当含石量较小时（0%～30%），块石在混合料中相互之间不接触，块石悬浮于土料中，这时压缩的主要是土料，块体类型对压缩模量基本没有影响，所以四种粗集料对应的混合料压缩模量基本一致。随着含石量增加，四种粗集料对应的曲线发生分离。片块状的泥

质页岩由于等量体积下形状优势相互接触的概率要比灰岩和红砂岩块要大,所以骨架搭建要早于灰岩和红砂岩,骨架提前介入压力分担,所以压缩模量要大些,随后由于强风化泥质页岩和红砂岩强度相对较低,随着含石量的增加,块石间接触点发生应力集中而破碎,破碎引起体积变化产生附加沉降。而中风化泥质页岩当含石量大于 80%后压缩模量随含石量的增幅变小也是因为块体压碎引起的,中风化泥质页岩呈片块状,垂直于片理方面易发生破碎,虽然强度较高,但是形状不利易发生应力集中也易造成块体破碎。相比之下灰岩强度较高,且块石外形基本不存在明显的薄弱面,在压缩过程中发生压碎的可能性较小,所以压缩模量一直随含石量增长。

不同粗集料对应的压缩模具随含石量的变化曲线如图 2-13 和图 2-14 所示。

表 2-1　　　　　　　　　　四种粗集料的强度值

粗集料	强度指标（MPa）		
	I_s	$I_{s(50)}$	UCS
强风化泥质页岩	0.11	0.115	4.51
中风化泥质页岩	2.53	2.07	39.38
红砂岩	0.54	0.51	13.77
灰岩	2.82	2.81	49.53

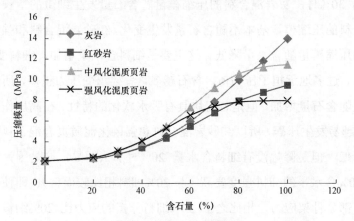

图 2-13　不同粗集料对应的压缩模量［E_s(90~190)］
随含石量的变化曲线（$w_{细}$ = 20%）

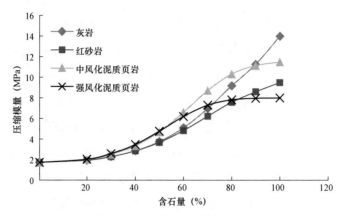

图2-14　不同粗集料对应的压缩模量［$E_s(90\sim190)$］
随含石量的变化曲线（$w_{细}=30\%$）

　　而390～490kPa压力段的压缩模量则由于细料含水量不同，其规律有所不同。当细料含水量为20%时，灰岩混合料的压缩模量基本不随含石量发生变化，其他三类混合料的压缩模量都随含石量发生了降低，粗集料强度越低，降幅越明显，但是都在含石量达70%～80%压缩模量趋于定值。这也是由于压缩过程的岩块压碎现象导致的，强度越低，越易压碎，含石量越高，应力集中越发明显，越易压碎。而含石量达70%～80%以后，骨架已完全形成，颗粒间的接触点（单个颗粒周边的配位数）已不会随含石量的增加发生明显增加，所以压缩模量不会明显的增长。当细料含水量为30%时，灰岩混合料的压缩模量随含石量发生细微的增长，中风化泥质页岩混合料的压缩模量基本不随含石量发生变化，红砂岩混合料和强风化泥质页岩混合料的压缩模量随含水量降低。这主要是细料含水量增加，细料变"软"，岩块骨架过早、过多地承担了压力值，含石越多，骨架承受压力越多，所以灰岩混合料压缩模量随含石量增加，但是若岩块具有吸水软化的特性，在高压作用下含水量越高，岩块越易发生压碎，所以红砂岩混合料和强风化泥质页岩混合料的压缩模量随含水量降低，但是降幅没有细料含水量20%时那么明显，这是因为压碎的岩块还是要比30%含水量的细料强度要高（与20%细料相比较而言），即使压碎了也还是能分担一部分骨架应力，相比之下30%细料分担的应力比20%细料分担的法向应力势必要小，所以两种细料含水量对应的混合料压缩模量随含石量的变化规律略有差别。

　　不同粗集料对应的压缩模量［$E_s(390\sim490)$］随含石量的变化曲线见图2-15

和图 2－16 所示。

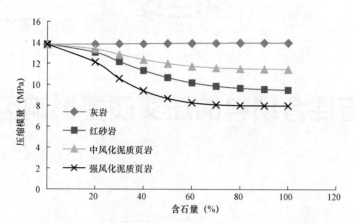

图 2－15　不同粗集料对应的压缩模量［$E_s(390\sim490)$］
　　　　　随含石量的变化曲线（$w_{细}=20\%$）

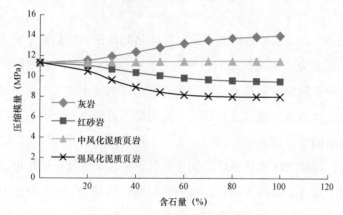

图 2－16　不同粗集料对应的压缩模量［$E_s(390\sim490)$］
　　　　　随含石量的变化曲线（$w_{细}=30\%$）

第三章

土石混合填料的压实质量影响因素

第一节　含水率对压实质量的影响

在压实过程中，土或材料的含水量对所能达到的密实度起着非常大的作用。锤击或碾压的功需要克服土颗粒间的内摩阻力和黏结力，才能使土颗粒产生位移并互相靠近。土的内摩阻力和黏结力是随密实度而增加的。土的含水量小时，土颗粒间的内摩阻力大，压实到一定程度后，某一压实功不再能克服土的抗力，压实所得的干密度小。当土的含水量逐渐增加时，水在土颗粒间起着润滑作用，使土的内摩阻力减小，因此，同样的压实功可以得到较大的干密度。在这个过程中，单位土体中空气的体积逐渐减小，而固体体积和水的体积则逐渐增加。当土的含水量继续增加到超过某一限度后，虽然土的内摩阻力还在减小，但单位土体中的空气体积已减到最小限度，而水的体积却在不断增加。由于水是不可压缩的，因此，在同样的压实功下，土的干密度反而逐渐减小。土的干密度与含水量的这样一种紧密关系，就形成了图 3-1 所示的驼峰形击实曲线。因此，对于大部分土石混合料来说，都只有在一定的含水量条件下才能压实到最大干密度。这个与最大干密度相适应的含水量，通常称做最佳含水量。最佳含水量是通过击实试验求得的。击实试验后，在含水量-干密度关系图上与最大干密度相应的含水量就是最佳含水量。例如，图 3-1 上与最大干密度相应的含水量为 7%，即此土的最佳含水量为 7%。但是，某一种土或某一种路面材料的最佳含水量和最大干密度不是固定不变的，它随压实功能而变。在室内进行击实试验时，它随所用的击实功而变。一般规律是击实功越大，相应的最佳含水率越低，最大干密度也越大。

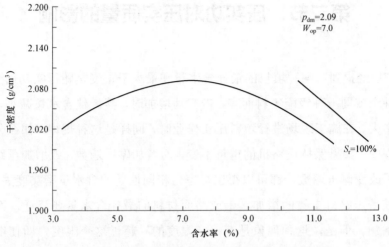

图 3-1　击实试验含水率干密度曲线图

在施工现场，用某种压路机碾压含水量过小的土或级配集料，要达到高的压实度是困难的；同理若土的含水量超过最佳值过多，要达到较大的压实度同样是困难的。但两种情况无法压实的机理有所不同，含水率过低时，由于缺少孔隙水的"润滑"作用，外界作用力难以克服土颗粒间的摩擦阻力，因此难以压密。而对于含水率过高的填料，则是由于土体的渗透性较低，土中水分难以排出，而又由于土颗粒和水分子的不可压缩性，因此，无论施加多大的作用力也无法使得土体压密，其在压路机等机械荷载作用下性质类似于橡皮泥，呈现塑性状态，因此也称为橡皮土。

各种不同土的最佳含水量和最大干密度也是不相同的。通常，土中粉粒和黏粒含量越多、土的塑性指数越大，土的最佳含水量也就越大，同时其最大干密度越小。因此，一般砂性土的最佳含水量小于黏性土的，而前者的最大干密度则大于后者的。对土石混合料来说，最优含水率通常不是一个确定的值，由于块石或粗粒土比表面积较小，裹挟水分较少，因此，土石混合料的最优含水率主要受细粒料种类和含石量影响，当细粒料最优含水率较高时，相应土石混合料的最优含水率也就越高，反之亦然；而含石量对整体含水率的影响主要体现在石块或大粒径粒料含水率较低的特征，含石量越高时，细粒料越少，相应的最优含水率就越低。

第二节　压实功对压实质量的影响

上节已经提到，某种填料的最佳含水量和最大干密度是随压实功而变化的。对同一种土或同一种级配集料而言，击实功增加时，其最佳含水量减小，而最大干密度增大。在施工现场进行填料压实作业时，同样是这种规律。如在分层回填碾压过程中，如果保持压路机的重量不变，而增加碾压遍数，或增加压路机的重量，而不改变碾压遍数，都可以得出与室内相同性质的含水量密实度关系曲线。因此，随着压路机重量的增加，土或路面材料的最佳含水量要降低，而最大干密度要增加。但是，这种现象是有一定限度的。超过这个限度，即使继续增加碾压遍数或使用很重的压路机也不会明显降低最佳含水量和明显增加最大干密度。图 3-2 为灰岩土石混合料与中风化泥质页岩土石混合料不同击实功下密度变化曲线，可以看出在达到一定击实功后，干密度或湿密度随单位击实功增加的增长就极为缓慢了。

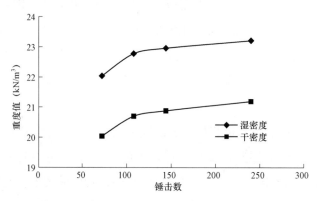

图 3-2　灰岩不同锤击数对应的湿密度和干密度

通过室内击实试验确定的最大干密度会与现场情况有所不同，通常由于现代压路机的质量大、功率大，现场碾压土石料的最大干密度会略大于室内击实试验结果，而含水率会略小于室内击实试验确定的最优含水率。

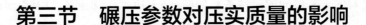

第三节　碾压参数对压实质量的影响

碾压应该有适当的厚度。碾压层过厚，非但层下的压实度达不到要求，而且层的上部的压实度也要受到不利的影响。同时，碾压层的厚度应与所用压路机的质量或功能相适应，它也随压路机的类型而变。其作用机理和两方面因素有关，一是附加应力原理，当压路机作用于土体表面时，会对其下部土体产生一个附加应力作用，但是该作用并非像大面积荷载一样随深度均匀传播，而是随着深度的增大附加应力逐渐减小，当减小到一定范围无法对土体起到压密作用时，称该深度为压路机对于该类型土石混合料的影响深度。因此，对于分层碾压回填来说，首先要保证分层填方厚度小于碾压机具的影响深度。其次，碾压厚度对压实质量的影响类似于软弱下卧层对上部地基的影响，当填方厚度过大时，下部未压实的填方区相当于软弱下卧层，软弱下卧层的存在会对碾压机具传递下的荷载起到一个缓冲释放作用，类似于各种弹簧阻尼器的卸力原理，因此也会对碾压效果产生影响。因此，在分层回填碾压过程中，回填厚度会对后期的压实质量起到至关重要的影响。强夯处理过程与此类似，在此不做赘述。规范中对于不同压实机具、不同夯击能级条件下的分层填方厚度见表 3－1 和表 3－2。

表 3－1　　　　　　土夹石或细粒土料分层厚度、施工参数及压实指标

分层厚度（m）		遍数		行驶速度（km/h）		冲击压实	振动碾压
冲击压实	振动碾压	冲击压实	振动碾压	冲击压实	振动碾压		
0.4～0.6	0.3～0.4	8～10	6～8	6～8	1.5～2.0	$\rho_d \geqslant 2.0 t/m^3$	$\lambda_c \geqslant 0.97$
0.6～0.8	0.4～0.6	10～15	8～10	6～8	1.5～2.0		
0.8～1.0	—	15～20	—	6～8			
1.0～1.2	—	20～25	—	6～8			

表 3－2　　　　　　　　填土地基强夯的分层厚度

单击夯击能级（kN·m）	控制填土厚度（m）
3000	4
4000	6
6000	8

压路机的碾压遍数对路基土和路面材料的密实度的影响是众所周知的。碾压遍数与土和集料的干密度间的定性关系如图 3-3 所示。就是说，用同一压路机对同一种材料进行碾压时，最初的若干遍碾压，对增高材料的干密度影响很大；碾压遍数继续增加，干密度的增长率就逐渐减小；碾压遍数超过一定数值后，干密度实际上就不再增加了，甚至会有稍许减小。

该现象的原理与土石混合料的压实机理有关，碾压初期压实度快速增加一方面是由于松铺状态下土体压缩模量较小，易于压密，另一方面是由于碾压初期主要是对大粒径颗粒间的孔隙进行压密、填充，土颗粒间摩擦力相对较小。而在碾压中期，大颗粒形成的土骨架基本上已经填充完整，该阶段的压密对象主要是细粒料间的孔隙，此时由于细粒料间摩阻力较大，单位压实功作用下的压实程度就会较小。最后一个阶段，即碾压遍数超过常规设计次数时，此时的碾压作用与粗集料硬度相关，当粗集料硬度较大时，不断地增加碾压次数实质上是将细粒料间的孔隙进一步压缩，但压缩到一定程度后效果极其微弱，表明填料已经基本达到了最佳的压实状态，而对于某些情况下随着碾压次数增加，干密度反而减小的情况，其作用机理类似于密实状态下砂土的剪胀效应，由于颗粒间已经排列极为紧密，此时外界荷载可能会引起颗粒间的错动，造成体积增大，干密度减小的现象；而当粗集料硬度不足时，不断增加碾压次数的过程中可能将粗粒料压碎，此时粗粒料间的孔隙会被破坏，孔隙体积减小，干密度会持续增加，但增加幅度有限。在此种情况下，即使进一步增加碾压次数可以增大压实程度，但增幅有限，相对性价比较低。反而可以考虑通过使用更大击实功的作用方式（如强夯）进一步增大压实度。

填方工程施工时，首先需要确定每层填土的厚度及压路机的碾压遍数，以保证达到要求的密实度。在解决这个问题时，还应该将机械压实作用能够达到的深度与符合要求密实度的压实深度区别开来，通常前者大于后者。机械压实作用能达到的深度与土质及机械类型有关，土的黏性小并接近最佳含水量，压实作用能达到的深度就大。同时，压实作用深度与土的含水量和土的黏性有关。黏性越小的土，同等条件下所能达到的压实深度越大；含水量越低时，所能达到的压实深度越小。对于强夯施工而言，根据经验设计及计算过后的影响深度应通过试夯试验确定，以保证每个强夯层的压实质量。

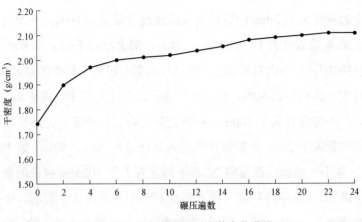

图 3 - 3　干密度随碾压遍数变化曲线

不管使用哪种型式或质量的压路机进行碾压,其碾压速度对填方地基所能达到的密实度有明显影响,而且碾压速度过快,还容易导致被压层的平整度变差。碾压速度影响振动轮对单位面积内材料的压实时间。碾压速度低时,单位面积内的振动次数比碾压速度高时要多,因而,作用在被压材料上的能量,前者多于后者。实际上,传递到被压材料层内的能量与碾压速度成反比。假定使碾压材料层达到规定密实度所需的压实能量不变,则碾压速度加倍时,碾压次数大致也要加倍。虽然采用高碾压速度要比采用低碾压速度的压实生产率高而且比较经济,但速度过快,容易导致路面的不平整(形成小波浪)且压实度不足的情况。因此,应针对具体碾压的材料层和所用的压路机,选择经济合理的碾压速度。

第四节　粒料级配对压实质量的影响

集料的级配对碾压后所能达到的密实度有明显影响。实践证明,均匀颗粒的砂及单一尺寸的砾石和碎石,都难以碾压密实。而土石混合料作为一种混合介质,通常不会出现上述情况,但这并不意味着土石混合料有着良好的级配可以直接用作工程填方材料,如若二者粒径差距过大或含石量选择不恰当的情况下,还可能出现缺乏中间粒组,形成大量土石料悬空的状态,因此,各类规范中也对土石混合料粒料级配做了明确的规定。《高填方地基技术规范》[20]中对于填料的级配有明确要求,巨粒土料中的粒径大于 2mm 的颗粒质量应超过总质量的 70%，不均匀系数应大于或等于 10，曲率系数宜为 1～3，级配应良好，最大粒径不应大于 800mm，并小于填筑层厚度的 2/3，不得含有植物土、生活垃圾等；粗粒土料中的粒径大于 2mm 的颗粒质量应大于总质量的 50%，不均匀系数应大于或等于 10，曲率系数宜为 1～3，级配应良好，不得含有大于 100mm 粒径的黏土块、植物土、生活垃圾等；土夹石混合料中的粒径大于 2mm 的颗粒质量应为总质量的 30%～50%，最大粒径不应大于 800mm，并小于填筑层厚度的 2/3，不得含有大于 100mm 粒径的黏土块、植物土、生活垃圾等。《公路路基施工技术规范》[23]中规定，硬质岩石、中硬岩石可用于路堤和路床填筑；软质岩石可用于路堤填筑，不得用于路床填筑；膨胀岩石、易溶性岩石和盐化岩石不得用于路基填筑。路基的浸水部位，应采用稳定性好、不易膨胀崩解的石料填筑。路堤填料粒径应不大于 500mm，并宜不超过层厚的 2/3。路床底面以下 400mm 范围内，填料最大粒径不得大于 150mm，其中小于 5mm 的细料含量应不小于 30%。

第五节　含石量对压实质量的影响

含石量不同对最终的压实质量也会产生明显影响，图 3-4 显示了灰岩混合料中灰岩含量对击实后密度值的影响规律，由于是在最优含水量条件下进行击实，所以湿密度和干密度随含石量的变化规律是一致的，即密度值随含石量的增大而增大，当含石量增大至 60%时，密度值达到峰值，也就是说 60%为灰岩混合料的最佳含石量。当含石量大于 60%后，密度值随着含石量的增大而减小。其原因是相当质量对应的细粒体积比灰岩要大，同时比表面积大、孔隙大，因此，含石量增加时，单位体积混合料的质量增大，但是当含石量增大，粗颗粒之间相互接触逐渐起骨架作用，细粒填充于孔隙中间，二者比例达成一致时，密度达到峰值，而含石量的进一步增加，细料不够填充于粗颗粒形成的孔隙，粗颗粒间形成架空，密度值减小。

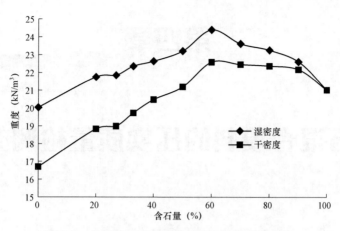

图3-4　灰岩含石量与击实密度之间的关系曲线

图3-5显示了中风化泥质页岩-粉质黏土混合料含石量对击实后密度的影响，与图3-4对比发现，虽然细粒都是粉质黏土，但是由于粗集料不一样，含石量对密度的影响规律也是不一样的。中风化泥质页岩-粉质黏土混合料中含石量与击实后密度的规律大致可以分为四个阶段：当含石量在0%~30%区时，湿密度随含石量减小，干密度基本不受含石量的影响；含石量介于30%~50%时，湿密度和干密度都随含石量快速增长；当含石量介于50%~80%时，湿密度基本不随含石量发生变化，干密度随含石量细微增长；当含石量达到80%时，达到了前述的最佳含石量，当含石量在80%~100%区间内时，湿密度和干密度都随含石量发生递减。

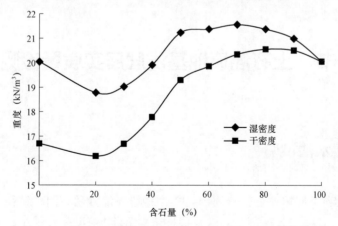

图3-5　中风化泥质页岩含石量与击实密度之间的关系曲线

第四章

土石混合填料的压实质量检测方法

土石混合料的土石种类、填料粒径、含石量、含水率等因素均会对压实质量检测的检测结果和检测效率产生影响。与细粒料均质填料相比,土石混合料填方地基的最大差异是填料最大粒径较大、填方土体具有不均匀性,主要表现在含石量的变异性上。而这些特质会对以往常用压实质量检测方法的检测效率和准确性产生影响。如由于土石混填地基最大粒径较大,采用灌水法进行密度检测时相应的试坑尺寸也会等比例扩大,此时进行灌水法密度测试时效率极低,很难满足实际工程需求;同时,采用核子密度仪或者是无核密度仪进行密度测试,多数情况是应用于小粒径的均质填料,对于土石混合料这种不均匀性较强的填料其检测有效性还未得到有效验证。

第一节　土石混填地基浅层压实质量检测方法

一、灌水法试验

《水电水利工程粗粒土试验规程》[24]中规定,灌砂法适用于粒径不大于 60mm 的粗粒类土,且地下水位以下时,不宜采用本方法。《公路土工试验规程》[16]中规定,灌砂法适用于测定细粒土、砂类土和砾类土的密度,试样的最大粒径一般不得超过 15mm,测定密度层的厚度为 150～200mm。《土工试验方法标准》[25]中并未对灌砂法的适用范围做详细说明，但根据其密度测定器尺寸可知，其主要适用填料仍以细粒土为主。对于土石混合料填方地基来说，其粒料成分相对复杂，最大粒径一般会超过60mm，此时采用灌砂法进行密度检测是不适用的。

对于灌水法是否适用于土石混合料压实质量检测，不同的规范中也有不同对比说明。《水利水电工程粗粒土试验规程》并未对灌水法的试验范围进行明确限定，表示灌水法可以适用于各类土，对于试坑尺寸规定为试坑直径不宜小于30cm，对于土石混填地基最大粒径20cm左右的情况，30cm直径的试坑是否适用还有待商榷。在同规范灌砂法试验条文说明中规定，试坑直径与试样最大颗粒粒径之比不应小于5，深度与试坑直径之比宜为1.2~1.4。若按照这一标准计算，最大粒径为20cm的填料，试坑直径需要开挖至100cm，深度取每层填方深度计算，其最终规格大约为一个直径100cm、深度50cm左右的试坑。

《公路土工试验规程》中，对于灌水法试验的适用范围同样描述为适用于现场测定粗粒土和巨粒土的密度，也就是并未对其适用范围进行限制。相应的试坑尺寸应该按照表4-1确定。由表中数据可以看出，对于试样最大粒径为20cm的填料，灌水法试坑尺寸应为直径800mm、深度1000mm的圆柱体，其直径值为最大粒径的4倍，深度值为直径的1.25倍，与《水利水电工程粗粒土试验规程》中根据灌砂法中规定的试坑尺寸比例计算结果大体相同。

《土工试验方法标准》中对于灌水法适用范围的描述是适用于现场测定粗粒土的密度，而粗粒土的粒径范围在0.25~60mm之间，也就是说该规程中规定灌水法的适用范围是最大粒径小于6cm的土石混合料。同时其试坑尺寸规定值见表4-2所示，表中仅对6cm以下的试坑尺寸进行规定，对于6cm以上的填料则并未说明。

表4-1 《公路土工试验规程》中灌水法规定试坑尺寸

试样最大粒径（mm）	试坑尺寸	
	直径（mm）	深度（mm）
5~20	150	200
40	200	250
60	250	300
200	800	1000

表 4-2　　　　　　　　　　《土工试验方法标准》中灌水法规定试坑尺寸

试样最大粒径（mm）	试坑尺寸	
	直径（mm）	深度（mm）
5（20）	150	200
40	200	250
60	250	300

由上述规范可知，灌水法理论上可以适用于各种土类的密实检测，包括最大粒径达到20cm左右的土石混合料，其试验试坑尺寸应为直径800mm、深度1000mm的圆柱体深坑，具体试验过程参见附录A。其计算原理、试验步骤和试验中需要注意的问题简述如下。

灌水法是用来测试地基土密度最为准确、直接的方法，特别适用于大粒径土体。其测试原理是在地基土上开挖一定尺寸的试坑，通过称量塑料薄膜内水质量推算试坑体积，再结合试坑中开挖土体质量计算地基土测点处的湿密度。其基本过程如下：

（1）根据填料最大粒径确定试坑尺寸。

（2）在测点位置处放置一略大于试坑直径的套环，并用水准仪调至水平，套环形状如图4-1所示，套环高度为10cm，通过铺设塑料薄膜、灌水等操作测量套环与地面围成的体积 V_1，完成上述操作后撤去塑料薄膜。

（3）保持套环不被触碰，在套环范围内开挖试坑，开挖结束后将试坑内浮土打扫干净，测试开挖得到土石混合料试样的质量。

（4）将塑料薄膜敷设于试坑内，重复步骤（2）测试试坑以及套环体积 V_2。

图 4-1　不同规格尺寸套环

（5）基于开挖得到的试样，测试试样含水率，测试方法为将土石分开，分别测试不同粒组试样的含水率，最后根据质量比加权计算得到土石混合料总的含水率 ω。

完成上述步骤，即可对试坑湿密度，含水率和干密度进行计算，进而评价地基

压实质量。湿密度计算公式为

$$\rho = \frac{m_{\mathrm{p}}}{V_{\mathrm{p}}} = \frac{m_{\mathrm{p}}}{V_2 - V_1} \qquad (4-1)$$

式中　ρ——试样湿密度（g/cm³），计算至 0.01；

　　　m_{p}——取自试坑内的试验质量（g）；

　　　V_1——套环与测点地表围成的圆柱体体积（cm³）；

　　　V_2——试坑加套环体积（cm³）。

　　细粒料与石料分开测定含水率，按式（4-2）求出整体含水率

$$\omega = \omega_{\mathrm{f}} p_{\mathrm{f}} + \omega_{\mathrm{c}} (1 - p_{\mathrm{f}}) \qquad (4-2)$$

式中　ω——整体含水率，计算至 0.01；

　　　ω_{f}——细粒土部分的含水率（%）；

　　　ω_{c}——石料部分的含水率（%）；

　　　p_{f}——细粒料的干质量与全部材料干质量之比，其中细粒料与石块的划分以
　　　　　粒径 20mm 为界。

　　干密度计算公式为

$$\rho_{\mathrm{d}} = \frac{\rho}{1 + 0.01\omega} \qquad (4-3)$$

　　在灌水法试验过程中，以下几个步骤需要格外注意，否则可能造成测试结果不准确，失去检测意义。

　　首先是套环的使用，部分测试规程中并未对套环使用做明确要求，然而套环的使用却在灌水法测试过程中起到至关重要的作用。尽管在灌水法试验前需要对地面进行整平、清理浮土等操作，但要将地表整理至水平、平整需要耗费较大精力，在实际测试过程中通常是将表面浮土清理干净就开始测试，此时若无套环，灌水测试过程中可能会由于试坑表面不平整造成测试误差或试坑顶不水平，灌水过程中无法灌满（类似于倾斜的水桶）的情况，上述情况的出现最终均会导致测试结果的不准确。而套环的使用则可以有效规避上述两大问题，一方面套环极易调平，只需要放置于测点上方后通过小锤敲击即可调平。另一方面测试环套与地面围成圆柱体体积，可以有效消除测点地面不平整、倾斜等因素带来的误差。因此，对于土石混合料填方地基的压实质量检测，灌水法试验必须使用套环才能保证检测结果的准

确性。

其次是土石混合料含水率计算，基于灌水法密度试验进行压实质量评价时，开挖试坑得到的土体质量与试坑体积计算得到的是土石混合料整体的湿密度，相应的含水率也应该是土石混合料的整体含水率，基于此计算得到的干密度才可以真实反映测点的压实状态。然而对于土石混合料灌水法试验来说，含水率测试成为一大难点。从理论角度出发，最为准确的测试方式为将试坑内开挖得到的所有土体烘干，通过前后质量差得到水分质量，进而计算土石混合料的含水率。如对于试坑直径 40cm 的灌水法而言，开挖得到的土体质量一般在 20kg 以上，全部烘干大于需要 1h 左右，效率极低。而若是类似于细粒土仅选取代表性试样进行烘干，由于不同粒组的土石料的含水率定会有所不同（比表面积与吸水性不同），人为选择代表性试样过程中所取各个粒组比例的不同一定会对最终含水率的测试结果产生影响。如图 4-2 和图 4-3 所示分别为级配碎石土石混合料与中风化板岩土石混合料部分测点不同粒组的含水率结果，可以看出不同粒组的含水率有明显的差别。对于同一测点而言，随着粒径的增大，粒组含水率逐渐减小；对于不同测点而言，粒径越小，相应的含水率分布范围也就越大，小于 5mm 的粒组其含水率范围在 5%～20% 之间，而当粒径大于 40mm 后，含水率均小于 5%。整体含水率越高，细粒土与大粒径颗粒之间的含水率差值越大，此时若采用随机选取部分代表性试样进行含水率测试，就会与实际含水率产生较大的偏差。

根据图 4-2 和图 4-3 分析结果可知，土石混合料中 80% 以上的水分裹挟在粒径小于 20mm 的颗粒中。因此，将灌水法开挖得到的试样通过筛分试验获取 20mm 以下试样和 20mm 以上的试样，分别选取部分代表性试样测试含水率，并根据其质量比计算总含水率，即式（4-2）中计算总含水率方法。理论上更为准确的含水率测试方法是将粒料筛分至多个粒组，并对每个粒组测试含水率，最终加权计算总含水率。通过计算以 20mm 为界测试含水率的结果与筛分至多个粒组测试含水率的结果发现，二者绝对误差在 1% 以下，因此，推荐将 20mm 作为含水率测试过程中的"土石分界"，基于该方法测试得到的含水率结果极为准确，同时又免去了逐个筛分、逐个计算含水率的烦琐。

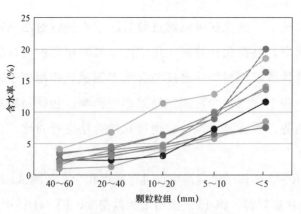

图4-2　级配碎石土石混合料不同粒组含水率

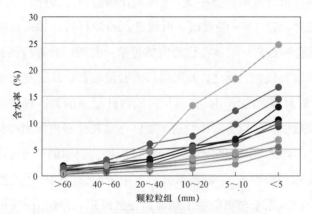

图4-3　中风化板岩土石混合料不同粒组含水率

灌水法测试过程中最后一个需要注意的关键点是大粒径石块的处理（10cm以上），在灌砂法的试验描述中，规定对于试坑侧壁的大块岩石可以不予处理。但对于灌水法试验，建议试坑侧壁无凸出石块，一方面凸出石块的存在会使塑料薄膜无法紧密贴合试坑，造成测试体积偏小；另一方面，凸出石块由于临近土体的缺失，通常处于较为松弛的状态，此时相当于凸出的石块占用了部分试坑体积，同样会造成试坑体积偏小，最终计算得到的密度值偏大。针对此种情况，建议重新选点开挖试坑。

二、核子湿度密度仪法

《公路路基路面现场测试规程》中对使用核子密度进行压实质量检测有过详

细说明，其规定核子密度仪法可以通过散射法或直接透射法测定路基或路面材料的密度和含水率，并据此计算施工压实度。其适用范围包含各种土体，基本上覆盖了所有散体类工程材料的密度与含水率测试。使用核子密度仪进行密度测试时，存在一些干扰因素会对测试结果产生影响，包括材料粒度、级配、均匀度和材料性质等，检测时必须与其他可靠的方法进行对比，并对测试结果进行修正。

国内常用 MC－3 型核子密度湿度仪进行密度和含水量测试，其测试原理如下。仪器内部包含两种放射源，铯 137r 源用来测量密度，镅 241/铍中子源用来测量水分。中子源安装在机壳底部位置不变，r 源装在辐射源金属杆底部内，随测量深度而变。测量密度时，铯 137r 源发出 r 射线进入被测材料。如果材料的密度较低，大量的 r 射线就会穿过它，被装在仪器内的盖革－密勒计数管检测到，那么在单位时间内计量到的数就较大。反之，如果材料的密度较高，高密度的材料吸收了部分 r 射线，起到了辐射屏蔽的作用，在单位时间内计量到的数就较小。首先，微处理器把检测管接收数值（称为密度计数值）除以存储在仪器内的密度标准计数值，得到计数比，再把计数比送入密度计数程序可算出被测材料的密度（这种密度包含被测材料水分，又称为湿容重）。测量水分时，中子源放射的中子流进入被测材料，被测材料水分中的氢原子与离能中子相碰撞使之减速，减速后的慢中子被仪器内的氦－3 探测管接收到。被测材料含水量大，在单位时间内所转化的慢中子数也多，检测管接收的慢中子数就多，反之就小。然后，微处理器把接收的慢中子数（称为水分计数值）除以水分标准计数值，得到水分计数比，再把计数比送入水分计算程序可算出被测材料的水分重。有了被测材料的湿容重，水分重和输入的室内试验的最大干密度，微处理器即可算出干密度。

其测量方式主要包含以下两种，一是反射式测量，顾名思义其操作方式为将核子密度仪放置于被测材料中，通过放射源的发散反射计算被测体密度和含水率，属于完全无损的检测方式，但受放置表明影响较大；二是直接透射式测量，其测试方法为在被测材料上垂直打一个孔，随后将 r 源金属杆放入孔内至需要测试的深度，测试时 r 源放射粒子会穿过被测材料，被盖革—密勒检测管接收到，进而计算其湿密度和含水率。其测试原理如图 4－4 所示。

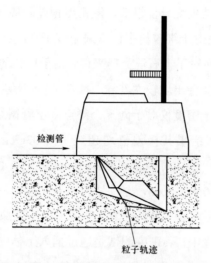

检测管

粒子轨迹

图4－4　透射式核子密度仪测定图

使用核子密度仪进行地基压实质量检测主要分两个步骤：一是准备阶段工作；二是实际测试阶段工作。准备阶段工作主要包含以下步骤：

（1）每天使用前或者对测试结果有怀疑的时候，用标准计数块测定仪器的标准值。进行标准值测定时的地点至少离开其他放射源10m的距离，地面必须压实而且平整。

（2）在进行压实层密度测定前，应用核子密湿度仪与灌水法结果进行标定。对同种材料类型，在使用前至少测定15处，求取两种不同方法测定的密度的相关关系，其相关系数R应不小于0.95。

实际测试阶段，先将被测材料表面清理平整，随后用导板和钻杆打孔至测试深度，且测试孔必须垂直，孔深大于探杆到达的测试深度。将探测杆放下插入已打好的测试孔内，前后左右移动仪器，使之安放稳固。随后打开仪器测试，测量员退至距离仪器2m以外，待仪器测试结束提示音响起后，读取显示的各项数值，读取结束后快速关闭仪器设备。根据核子密度湿度仪可以直接测试得到待测点位的湿密度、含水率及仪器根据换算关系式计算得到干密度。

尽管核子湿度密度仪在说明书中有过说明，该设备可以应用于各种类型的土体，但在测试土石混合料密度与含水率过程中发现并非所有填料均可以通过核子密度仪测试得到准确的密度和含水率。经实际测试表明，对于匀质的细粒料来说，同一测点不同角度的测试结果变异性很低，湿密度极差一般在 0.03g/cm³ 以内，含水率极差在 1% 以内，因而对于细粒料来说，采用核子密度进行压实质量测试是十分高效且准确的方法。然而对于土石混合料来说，由于填料的不均匀性，同一测点不同角度的测试结果也可能会出现较大差异。如图 4-5 所示为中风化板岩土石混合料不同含石量工况下核子密度仪对于同一个测点多次测试结果的极差值，可以看出基本上所有测点的测试结果其极差值均超过了 0.03g/cm³，大部分极差分布在 0.05～0.20g/cm³ 范围内，最大可能达到 0.24 g/cm³ 左右，由图 4-6 可知，该极差与湿密度均值的比值为 0.02～0.06，也就是说如果仅进行单次测试，其结果误差大概率为 2%～6%，甚至还可能更高。产生这一现象的主要原因与核子密度的测试原理有关，在设备使用过程中，其密度测试是通过插入土体中的金属杆发射粒子，置于土体表面的仪器底部接收装置进行接收进而统计穿过被测材料粒子数计算密度的。因此，基于这一原理，测试过程中的密度检测值大约是金属杆与接收器二者连线组成的一个平面附近土体的密度值，而土石混合料由于材料的不均匀性，不同检测面间的材料性质差异巨大，进而不同测试方向的检测结果也会存在一定差异。因此，对土石混合料进行密度测试时，一定要进行多个测试角度的测试，取平均值作为最终的测试结果。

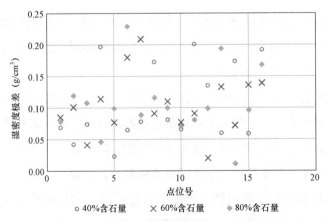

图 4-5　中风化板岩土石混合料不同含石量工况下
核子密度仪湿密度测试极差

　　同理，核子密度仪在进行含水率测试过程中，同一个测点的平行试验也存在测试误差，如图 4-7 所示为中风化板岩土石混合料不同测点含水率平行测试过程中

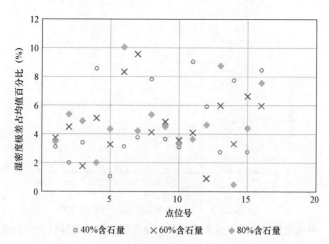

图 4-6　中风化板岩土石混合料核子密度仪湿密度测试极差占均值百分数

的极差图。由图 4-7 可以看出，大部分测点的含水率极差小于 3%，仅有极个别测点极差略大。如图 4-8 所示为含水率极差占相应均值的百分比，大部分测点含水率的极差百分比在 0%~40%之间，看似很大，实质上含水率测试对于最终干密度的影响相较于湿密度较小。以湿密度为 2.2g/cm³、含水率为 10%的试样为例，若湿密度误差存在 4%，即测试湿密度在 2.1~2.3g/cm³ 之间，由此计算得到的干密度位于 1.91~2.09g/cm³ 之间，相对误差为 4.54%；而含水率与实际值存在 40%的误差时，相应的测试含水率在 6%~14%之间，由此计算到的干密度位于 1.93~2.07g/cm³ 区间范围内，相对误差为 3.5%。因此，对于含水率测试来说，40%左右的测试误差，即使相较于含水率本身占据较大比例，但在干密度计算过程中，这一误差会大幅减小。尽管含水率在整个干密度计算过程中影响较小，但为了得到较为准确地测试结果，仍推荐对多个角度的测试结果取平均值作为最终测试含水率。

如图 4-9 所示为中风化板岩土石混合料湿密度在不同含石量状况下核子密度仪与灌水法测试结果的对比图，其中核子密度仪结果取每个测点四次测试结果的均值，图中直线为 1:1 参考线，可以看出两种测试方法之间存在较大的误差，且结合图 4-10 的相对误差分析可以看出，绝大部分测点误差分布于 2%~5%之间，即绝对误差大部分约小于 0.1g/cm³，但仍有少量测点的相对误差在 6%~10%之间。进一步观察误差较大点的分布形式，可以发现在低密度区灌水法密度测试值小于核子密度仪测试结果，即核子密度仪的测试结果偏大，而在较高的密度区间，核子密度仪的测试结果相较于灌水法的结果又会偏小。

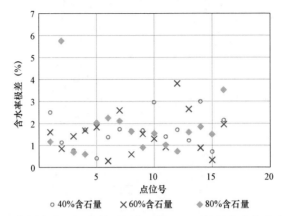

图 4-7　中风化板岩土石混合料不同含石量工况下核子密度仪含水率测试极差

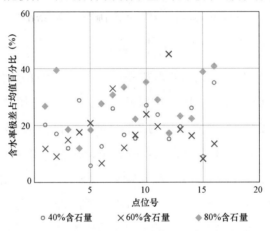

图 4-8　中风化板岩土石混合料核子密度仪含水率测试极差占均值百分数

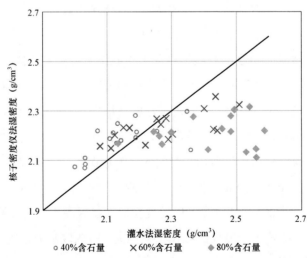

图 4-9　中风化板岩土石混合料不同含石量工况两种测试方法对比

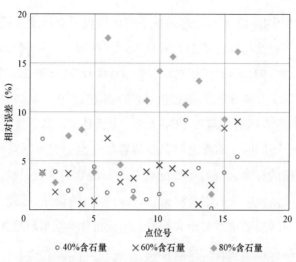

图 4-10　中风化板岩土石混合料不同含石量工况核子密度仪测试误差

如图 4-11 所示为中风化板岩土石混合料不同含石量工况下两种测试方法含水率测试结果对比图，其中核子密度测试结果取每个测点四次测试结果的均值，可以看出二者在绝对数值上存在一定差异，测试误差在 0%~70%之间。但进一步对两种测试数据进行线性拟合发现，二者具备良好的线性关系，且基本不受含石量、含水率影响。由以上分析可知，尽管核子密度仪测试得到的含水率与实际含水率之间存在一定偏差，但其测试结果与真实结果之间存在极强的相关性，在实际应用过程中，可以通过先期积累一定量的二者对比试验的数据，基于该数据对测试结果进行修正，就可以得到误差较小的测试结果。

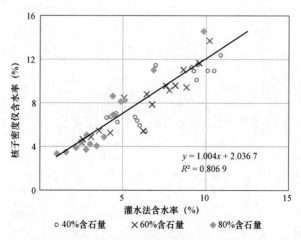

图 4-11　中风化板岩土石混合料不同含石量工况两种测试方法对比

如图4-12和图4-13所示分别为核子密度仪根据湿密度测试结果与含水率测试结果计算得到干密度与实际值的相对误差,级配碎石土石混合料 81%的测点其相对误差在 6%以内,94%的测点相对误差在 8%以内,其余测点大于这一误差范围;而中风化板岩土石混合料 67%的测点相对误差在 6%以内,80%的测点相对误差在 10%以内,93%的测点相对误差在 13%以内。也就是说,基于核子密度仪进行压实质量检测时,对于不同的土石混合料其检测置信度也会有所不同。若将误差在 6%作为检测结果可信的标准,则对于级配碎石土石混合料来说,检测置信度在 81%左右;而对于中风化板岩土石混合料来说,保证 6%的误差其置信度仅有 67%。两种填料最为显著的区别就是填料最大粒径,由此可知,填料粒径越大时,在相同的误差控制标准范围内,检测置信度越低。

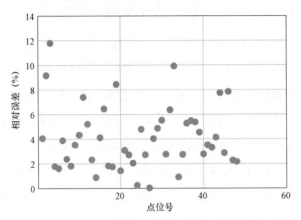

图 4-12 级配碎石土石混合料修正后核子密度仪测试干密度相对误差

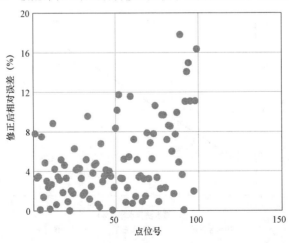

图 4-13 中风化板岩土石混合料修正后核子密度仪测试干密度相对误差

因此，总结核子密度仪对于土石混合料压实质量检测的适用性可知。土石混合料粒径越小、含石量越低，其性质越偏向于土体，最终的检测准确性越高；反之，当填料粒径较大，含石量较高时，对于核子密度仪的使用就要慎重，需事先经过大量数据的标定后确定其是否可以用于地基压实质量检测。

三、沉降率监测法

土石混填路堤的压实过程可以看作是土石混合料在外界冲击力的作用下，颗粒经排列、填装、分离、夯实等过程而逐渐密实的过程，在这过程中土石混填路堤的孔隙比逐渐减小，而其力学性能则逐渐增强，这说明孔隙比与力学性能之间具有一定的关系，孔隙比也能够反映出路堤的压实质量，而孔隙比的变化是随沉降逐渐变化的，说明也可以通过探讨沉降率与孔隙比的关系，以期获得通过沉降率作为压实质量控制指标的一种新的方法。

对于无限大的场地来说，碾压压缩可以近似为一维压缩试验，规定沉降率定义为沉降差与摊铺厚度之间的比值，即

$$u_n = \frac{s_n}{h_0} \tag{4-4}$$

式中　u_n——碾压 n 次过后的沉降率；

　　　h_0——初始的松铺厚度；

　　　s_n——碾压 n 次后的总沉降量。

对于密度计算来说，有如下公式

$$\rho_n = \frac{M}{V_n} = \frac{M}{A_n h_n} = \frac{M}{A_n(h_0 - s_n)} = \frac{M}{A_n h_0(1 - u_n)} \tag{4-5}$$

而初始时刻密度可以表示为

$$\rho_0 = \frac{M}{V_0} = \frac{M}{A h_0} = \frac{M}{A_n h_0} \tag{4-6}$$

因此可以得到

$$\rho_n = \frac{\rho_0}{1 - u_n} \tag{4-7}$$

式中 ρ_n ——碾压 n 次后的湿密度；

     ρ_0 ——松铺时的密度；

     M ——所取面积内土体质量，在整个碾压过程中认为是定值；

     V_n ——碾压 n 次后相应土体的体积；

     V_0 ——松铺状态时土体的体积；

     A ——松铺时土体的面积；

     A_n ——碾压 n 次后土体的面积，可以近似认为碾压过程中 $A = A_n$。

由式（4-7）可知，沉降率与密度之间存在一定的函数关系，理论上在知晓了土体的初始松铺密度后，就可以根据碾压过程中所监测到的沉降率计算现场密度，进而评价其压实质量。

同理，密度与孔隙率本质上均为描述土体压实特征的物理指标，根据类似的推导过程，可以得到如下公式

$$e_n = e_0 - u_n(1+e_0) \qquad\qquad (4-8)$$

式中 e_n ——碾压 n 次后的土体孔隙率；

     e_0 ——松铺阶段孔隙率；

     u_n ——碾压沉降率。

同理，可以看出孔隙率与沉降率之间也存在函数关系，而孔隙率同样是作为压实质量控制标准的一个常用指标，这些理论公式从理论上证明了采用沉降率作为压实质量控制标准的可行性。

胡其志[26]曾针对某高速公路土石混填路堤现场压实试验来探讨以沉降率作为压实质量控制指标的实际可行性。如图 4-14 所示为干密度和沉降率的关系曲线，二者具备极为良好的线性关系，二者可以相互换算。而笔者在进行相同的试验时发现，并非所有类别的土石混合料沉降率与干密度之间存在良好的线性关系，如图 4-15 所示为基于现场试验得到的中风化板岩土石混合料沉降率与湿密度的散点图，在含水率大致相等的情况下二者相关性关系较差，仅为 0.126。这与文献经验中的结论并不相符，可能原因一方面是人为因素造成的误差，包括沉降监测、初始松铺厚度测试误差等；另一方面可能是由于土石混合料粒料的不均匀性，使得在含石量高的测试点位沉降率偏小，而含石量低的测试点位沉降率偏大，以及下卧层压实质量不确定，监测沉降量受下卧层压实质量影响较大。上述几方面因素造成了

同一场区、最终沉降率的大范围差值。因此，在使用沉降率监测法作为压实质量控制标准时，一方面要设置试验区块验证其实际作用，另一方面在实际操作过程中也需要提高人员素质，保证极高的测试精度，以及填料层下层的压实质量，以尽可能提高沉降率监测法的测试准确性。

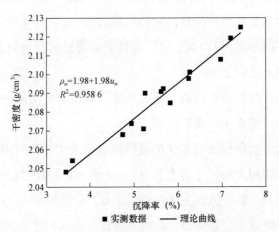

图 4-14　级配碎石土石混合料不同测点最终沉降率

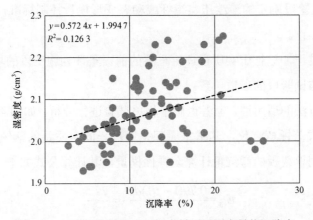

图 4-15　中风化板岩土石混合料不同测点最终沉降率

四、力学参数间接评价压实质量法

《公路路基连续压实质量控制与 PFWD 检测技术指南》[17]中首次将基于力学参

数间接推算压实系数的压实质量评价方法收录于地方规范中。连续压实质量控制指标是指基于振动压路机碾压过程中振动轮振动响应信号所建立的反映路基压实状态的指标,其核心计算公式是由碾压过程中压路机与地面接触过程中的加速度计算得到;PFWD 检测技术是指采用便携式落锤弯沉仪(PFWD)检测得到的动态变形模量。其核心思想是对于同种填料、相同含水率状态,连续压实质量控制指标或动态变形模量与压实系数呈线性关系,通过对试验路段建立力学指标与压实系数指标的相关关系,在实际检测过程中基于这一线性关系通过测试得到的力学指标推算地基压实系数,其基本流程如下:

(1)在试验段进行相关性校验,测试连续压实检测方法或 PFWD 与常规压实质量检测方法指标(灌水法、灌砂法等)。

(2)计算连续压实指标或动态变形模量指标与压实系数的相关关系。

(3)评价二者的相关系数是否大于 0.7,小于 0.7 则需要扩大数据范围,即在试验段测试更多测点,如果仍然无法得到大于 0.7 的相关系数,则考虑采用其他设备或方法进行压实质量控制和评定。若相关系数大于 0.7 则可以根据这一相关性模型确定相应的连续压实指标或动态变形模量控制值。

(4)根据试验段确定的连续压实指标或动态变形模量控制标准,在施工段上进行相应的过程操作。

基于上述过程,进行压实质量评价重要的前提条件为施工段的填料、含水率、填层厚度必须与试验段的参数一致。

对于该种方法的适用性,笔者也做了相关试验进行分析,如图 4-16 所示为试验用到的便携式落锤弯沉仪,其基本原理是通过一固定质量的落锤从一定高度落下,根据监测到承载板的弯沉量计算动弹性模量。其计算公式如下

$$E_{vd} = \frac{0.79(1-\mu^2)d\sigma}{s} = \frac{22.5}{s} \qquad (4-8)$$

式中 μ——泊松比,取 0.21;

d——荷载板直径(mm);

σ——平均压应力;

s——测试弯沉值,单位精确至 0.01mm。

图 4-16　便携式落锤弯沉仪设备图

为了验证该设备在土石混合料压实质量评价过程中的有效性,共设计了三组试验,一是相同含石量、相同含水率下动弹性模量与干密度的对比;二是同种填料但含石量、含水率不确定的填料动弹性模量与干密度对比;三是任意状态下动弹性模量与干密度的对比。三组试验的对比结果如图 4-17~图 4-19 所示,由图可以看出,仅对于同种填料,且含石量、含水率相同情况下干密度与动弹性模量具备较好的相关关系,而对于不同种填料,或是同种填料的不同状态下两参数的相关性极差。该结论与规范中限定的适用范围相同,即试验路段与施工路段的各项参数应完全相同,也就是说只有同种填料情况下,才可以基于动弹性模量对地基压实质量进行评价。

针对上述现象,可做如下解释。对于相同填料,不同压实状态时,压实度越大,相应的干密度也就越大,表现于土体特征就是越"硬",相应的动弹性模量也就越大,二者具备一一对应的关系。而对于同种填料不同状态而言,由第三章压实质量影响因素内容可知,相同的最大干密度可能对应于不同的湿密度和含水率,一方面可能是湿密度低、含水率低的"干土"状态,另一方面可能是湿密度大,含水率同样大的"湿土"状态。在极端情况下可能状况为"干土"状态下的干密度与橡皮土状态下的干密度相同,而在动态变形模量测试过程中显然"干土"状态下的动态变形模量会大于橡皮土状态时的测试结果。也就是说在不同的土体状态条件下,干密度与动态变形模量并非一一对应的关系,因此,二者之间就无法建立相应的线性关系。

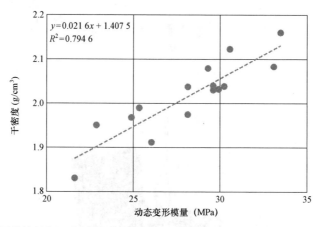

图 4-17　同种填料相同含石量、含水率不同压实状态下动弹性模量与干密度散点图

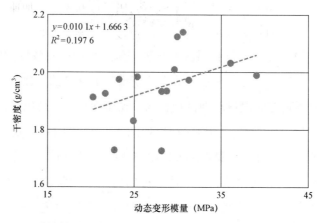

图 4-18　同种填料不同含石量、不同含水率下动弹性模量与干密度散点图

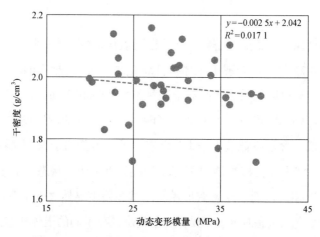

图 4-19　不同填料下动弹性模量与干密度散点图

尽管在不同的土体状态下动态变形模量与干密度无法直接建立线性关系，但通过研究表明，两参数间确实存在一定的相关性。笔者通过提取便携式动态变形模量测试仪中沉陷值关于时间的变形曲线（见图 4-20），经过二次求导求得整个位移时程曲线过程中的加速度变化曲线，利用神经网络建立加速度曲线与干密度之间的映射模型。该模型在同种土石混合料、不同含水率工况下具备良好的映射效果，基于该模型推算得到的干密度与实测干密度相对误差超过 90% 的点位均在 3% 范围内。这与参考文献 [27] 对于相同问题的相关研究结论相符。而关于连续压实控制技术的应用，在公路路基压实质量控制领域已经得到了充分的肯定与证明，其基本原理同样是建立加速度参数与地基压实质量的相关性模型。因此可以认定，在动荷载作用下，对于同种填料，不同含水率和不同压实度状态下，加速度与压实质量间存在一定的相关性，但相关性模型并不一定是线性关系，需要经过多种数据处理方式建立二者之间的映射模型。

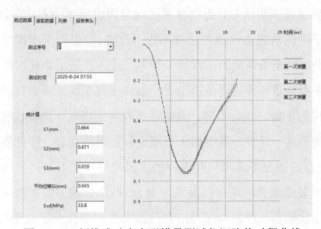

图 4-20　便携式动态变形模量测试仪沉陷值时程曲线

第二节　土石混填地基深层压实质量检测方法

地基压实质量评价过程中，除分层回填时需要对每层的压实质量进行检测，还需要对回填结束后整体的地基压实质量进行检测。对于重要建筑区，分层碾压回填后通常需要进行强夯处理，提高承载力的同时减小地基压缩性，经过强夯处理后的地基压实质量控制标准也会进一步提高。此时浅层压实质量检测过程中的一些方式方法不再适用，需要寻求更为有效的地基压实质量检测方法。

土石混填地基深层压实质量检测主要涵盖以下几方面的内容。

首先压实度检测，主要评价指标是压实系数。经过强夯处理后压实系数控制标准也会有所提高，最具普适性的检测方法是探井法。通过在强夯或检测深度范围内开挖一探井，于每米深度范围内进行灌水法密度试验或其他适用于浅层压实质量检测的方法，对土体的压实质量进行评价。由于开挖探井的过程实质上相当于将深层压实质量检测转化成为浅层压实质量检测，因此该种方法不受填料粒径、填料状态等因素影响，理论上适用于各种土石混合料的深层压实质量检测工作，探井法操作过程中的注意事项及相关要求可以参见附录 E。尽管探井法的适用范围基本上可以涵盖所有土石混合料的深层压实质量检测，但其属于大规模破坏性试验，试验过程中需要耗费大量的人力、物力，时间成本与经济成本较高，检测频率较低，且开挖结束后回填需要保证压实质量，否则容易出现与周边土体的不均匀沉降，因此，在具备其他测试手段的前提下该种方法并不作为首选。除可以采用探井法对地基压实系数进行检测外，对于条件允许的深填方地基，还可以采用钻孔取样的方式获取填料密度，评价压实质量。其适用范围主要受取样工具制约，由于评价压实系数的密度试验所需土样为Ⅰ级、Ⅱ级土样，因此要选取满足提取Ⅰ级、Ⅱ级土样的取样方式进行取样。基于这一条件，需根据土石混合料的最大粒径、硬度指标等因素综合评价，在条件符合的情况下选用钻孔取样的方式进行压实系数计算，评价压实质量，钻孔取样法的相关要求和标准可以参见附录 F。而圆锥动力触探法在一定程度上也可以评价地基压实质量，通常动探锤击数与压实度间存在一定的相关性，可以对地基压实质量进行定性评价，详细的评价标准可以参看附录 G。

其次是地基的均匀性评价，深填方地基应在水平维度及竖直维度范围内均有较好的均匀性，以避免不均匀沉降和桩基础情况下负摩阻力的出现。地基均匀性评价可以采用瑞利波测试法、钻孔取样法和圆锥动力触探法进行。钻孔取样法是通过对所取试样开展各项土工试验，通过与深度方向和水平方向相比较的方式评价地基均匀性。圆锥动力触探的评价方式与钻孔取样法类似，不同的是评价指标为动探锤击数，根据对比不同深度、不同位置处的动探击数评价地基均匀性，由于不同规格的动力触探设备可以应用于各种类型的土石混合料，因此，基于动力触探进行地基均匀性评价成为最为常用的方式方法。深层地基压实质量评价其方法大多参考工程勘察中的各种方法，瞬态面波试验是新版《建筑地基检测技术规范》中新增加的内容，基于面波试验可以获取地基土的剪切波速信息，而剪切波速与地基密度、地基动弹性模量相关，因此，可以借此对地基的压实质量进行评价。但该方法所获取的评价指标多为定性评价，如根据剪切波速信息对地基均匀性进行评价，以及对比强夯前后的剪切波速，判断强夯影响深度和处理效果，详细的面波试验操作要点及计算原理参见附录 H。

深层地基压实质量检测的最后一方面内容是地基承载力检测，只有满足地基承载力要求才可以保证上部结构的正常使用。通常地基承载力检测方法包含两种，一种是荷载试验，根据试验深度的不同分为浅层荷载试验和深层荷载试验，荷载试验所得到的地基承载力是最为准确、直观的检测数据，通过系列数据处理分析后可直接用于工程设计。另一种方法就是圆锥动力触探试验，圆锥动力触探结果除评价地基土的压实状况、均匀性外，还可以根据经验数据计算地基承载力。不同的动力触探锤击数对应于不同的地基承载力，在经过与荷载试验的对比分析后可直接用于深层地基承载力计算，其计算结果可信度较高，已成为地基压实质量评价中极为重要的参考指标。

第五章

土石混合填料的最大干密度
确定原则

对于细粒料来说，可以通过击实试验获取填料最大干密度，现有的标准击实仪规格最大内径为 15.2cm，所能够测试试样的最大粒径为 4cm。然而对于土石混合料来说，基本上所有土石混合料填方工程均存在粒径超过 4cm 的颗粒，此时就无法通过室内击实试验获取土石混合料的最大干密度。然而最大干密度作为压实系数计算的标准，对地基压实质量评价起着至关重要的作用。因此，国内外专家学者针对这一难点提出了各种解决方法。

第一节　基于室内击实试验的修正方法

对于细粒土堆填的路基、地基工程来说，其最大干密度确定方式通常为击实试验，但对于土石混合料而言，由于最大粒径超过了常规击实仪量程，一般采取对细粒土通过击实试验获得最大干密度，再根据各类修正公式对土石混合料的最大干密度进行修正。

一、规范公式修正法

《公路土工试验规程》中规定，试样中有大于 40mm 的颗粒时，应先取出大于

40mm 的颗粒，并求得其百分率 p，把小于 40mm 部分做击实试验，按下面公式分别对试验所得的最大干密度和最佳含水率进行修正（适用于大于 40mm 的颗粒含量小于 30%时，详细试验过程参见附录 I）。

$$\rho_d' = \cfrac{1}{\cfrac{1-0.01p}{\rho_d} + \cfrac{0.01p}{\rho_w G_s'}} \qquad (5-1)$$

式中　ρ_d' ——校正后的最大干密度（g/cm³），计算至 0.01；

　　　ρ_d ——用粒径小于 40mm 的土样试验所得的最大干密度（g/cm³）；

　　　p ——试料中粒径大于 40mm 颗粒的百分率（%）；

　　　G_s' ——粒径大于 40mm 颗粒的毛体积比重，计算至 0.01。

最佳含水率按式（5-2）校正

$$\omega_0' = \omega_0(1-0.01p) + 0.01p\omega_2 \qquad (5-2)$$

式中　ω_0' ——校正后的最佳含水率（%），计算至 0.01；

　　　ω_0 ——用粒径小于 40mm 的土样试验所得的最佳含水率（%）；

　　　ω_2 ——粒径大于 40mm 颗粒的吸水量（%）。

二、相似级配法

上述公式仅适用于大于 40mm 粒径含量小于 30%的状况，对于超粒径颗粒质量比超过 30%的情况，《公路土工试验规程》还提出了相似级配法作为测试计算该类别土石混合料最大干密度的方法。对于粒径大于 60mm 的巨粒土，因受试筒允许最大粒径的限制，应按相似级配法制备缩小粒径的系列模型试料。相似级配法粒径及级配按以下公式及图 5-1 计算，更为详细的试验过程步骤参见附录 J。

相似级配模型试料粒径

$$d = \frac{D}{M_r} \qquad (5-3)$$

其中

$$M_r = \frac{D_{max}}{d_{max}} \qquad (5-4)$$

式中　D ——原型试料级配某粒径（mm）；

　　　d ——原型试料级配某粒径缩小后的粒径，即模型试料相应粒径（mm）；

　　　M_r ——粒径缩小倍数，通常称为相似级配模比；

D_{max}——原型试料级配最大粒径（mm）；

d_{max}——试样允许或设定的最大粒径，即 60、40、20、10mm 等。

相似级配模型试料级配组成与原型级配组成相同，即

$$P_{M_r} = P_p \qquad (5-5)$$

式中　P_{M_r}——原型试料粒径缩小 M_r 倍后（即为模型试料）相应的小于某粒径 d

含量百分数（%）；

P_p——原型试料级配小于某粒径 D 的含量百分数（%）。

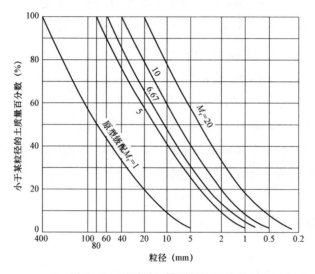

图 5-1　原型料与模型料级配关系

延长图 5-2 中最大干密度 ρ_{dmax} 与相似级配模比 M_r 的关系直线至 $M_r=1$ 处，即读得原型试料的 ρ_{Dmax} 值。

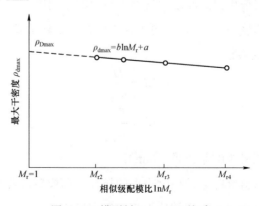

图 5-2　模型料 $\rho_{dmax}-M_r$ 关系

或者可以通过直线拟合的方式计算填料最大干密度,对几组系列试验结果用曲线拟合法可以整理出,见下式

$$\rho_{dmax} = a + b\ln M_r \qquad (5-6)$$

式中　a、b——试验常数。

由于 $M_r = 1$ 时,$\rho_{dmax} = \rho_{Dmax}$,所以 $a = \rho_{Dmax}$,即

$$\rho_{dmax} = \rho_{Dmax} + b\ln M_r \qquad (5-7)$$

另 $M_r = 1$ 时,即得到原型试料 ρ_{Dmax} 值。

三、其他经验修正公式

此外,还有其他类似修正公式可以对击实试验的结果进行修正,以获取土石混合料的最大干密度,包括杨荫华经验公式[28]

$$\rho_{dmax} = \cfrac{1}{\cfrac{P}{G_s\rho_w} + \cfrac{1-P}{\rho'_{dmax}}}[1 + 17.1\lg(1-P)/100] \qquad (5-8)$$

和美国垦务局修正公式[29]

$$\rho_{dmax} = \frac{\rho_w \rho'_{dmax} G_s C_1}{\rho_w(1-P)G_s + PC_1\rho'_{dmax}} \qquad (5-9)$$

式中　C_1——随含石量 P 而变化的系数,具体数值见表 5-1。

表 5-1　　　　　　　　　不同含石量对应的 C_1 值

P（%）	C_1	P（%）	C_1
<20	1	46~50	0.94
21~25	0.99	51~55	0.92
26~30	0.98	56~60	0.89
31~35	0.97	61~65	0.86
36~40	0.96	66~70	0.83
41~45	0.95		

第二节 大型击实仪确定法

对于土石混合料最大干密度的测试方法，除上述各类修正公式外，另一个思路是增大击实仪的尺寸，以适应更大粒径土石混合料的击实试验。《公路土工试验规程》中规定，对于内径为 10cm 的击实仪，最大适用粒径为 2cm，击实筒直径约为最大粒径的 5 倍，对于内径为 15.2cm 的击实筒，最大适用粒径为 4cm，击实筒直径约为最大粒径的 4 倍。由此可以推算，大型击实仪击实筒直径至少应为最大粒径的 4 倍左右，才可以满足击实试验的精度要求。为了解决土石混合料最大干密度的确定难题，国内一些机构已经自主研发出适用于不同粒径的大型击实仪。华能澜沧江水电公司和中国水电顾问集团昆明勘察设计院已经进行了联合研究[14]，研制出了内径为 600mm 的大型击实筒[15]，按 1/4 的实验最大粒径，可做最大颗粒为 150mm 的土石混合填料；中国水利水电第五工程局也研制出了内径为 800mm 的大型击实仪（见图 5−3），其桶高 800mm，击锤质量 228kg，锤直径 400mm，落距 760mm，是目前文献中提及的国内最大的击实仪，按照 1/4 直径要求的最大粒径，可供最大粒径为 200mm 的土石混合料进行击实试验。

图 5−3　中水五局研制出的大型击实仪

第三节　各种修正方法综合对比

上述的经验公式和相似级配法均有其适用范围，图 5-4 和图 5-5 是两种粒料最大干密度经验公式计算值与大型击实试验的对比结果。灰岩-粉质黏土混合料中三种公式得到的最大干密度值和试验结果较吻合，杨荫华公式在土工试验规程公式的基础上乘了一个大于 1 的系数，所以杨荫华公式比实际值偏高一些，而美国垦务局公式在土工试验规程公式的基础上增加了一个随含石量 P 而变化的系数 C_1，计算结果比实际值偏小。而公路土工试验规程中规定的式（5-1）只适用于含石量 P 小于 30% 的情况，而从图 5-4 中可看出，对于粗集料为灰岩这种硬质岩来说，公路土工试验规程推荐公式可适用于含石量为 60% 以内的土石混合料，而含石量大于 60% 以后，土石混合料的结构由骨架密实性过渡为骨架空隙性，公路土工试验规程推荐公式不再适用。而对于图 5-5 的中风化页岩-粉质黏土混合料由于在击实过程中粗集料大量破碎，三种经验公式计算结果与试验结果相差太大，所以对于硬质岩可推荐采用经验公式，而对于粗集料为中-软质岩的混合料由于击实和碾压过程中的颗粒破碎较为明显，建议采用室内大型击实试验获得可靠的最大干密度值。

可以看出，土石种类不同，三种修正公式在不同含石量情况下的计算精度也会受到影响。对灰岩-粉质黏土混合料而言，三种公式在 60% 含石量以内均有较好的计算准确性；而对于中风化页岩-粉质黏土混合料来说，仅在 30% 范围内公式有较高的准确性。这也是由于土石混合料结构变化所引起的，即由多土类过渡到中间类，再到多石类，每种混合料的结构特征也会有所不同，此时采用唯一公式进行修正其准确性必将受到影响。尽管如此，但修正公式对多土类，即含石量小于 30% 的土石混合料其最大干密度计算结果与实测值较为吻合，也就是说对于多土类土石混合料，可以采用最大干密度修正的方式计算得到最大干密度。

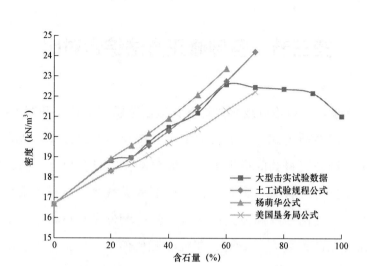

图 5-4　灰岩-粉质黏土混合料最大干密度理论计算值与试验值对照

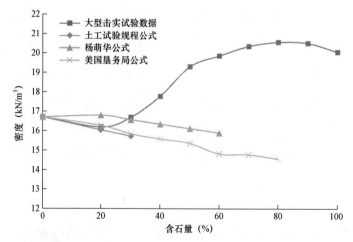

图 5-5　中风化页岩-粉质黏土混合料最大干密度理论计算值与试验值对照

第四节　现场碾压法

　　土石混合料是由土和岩块（碎石）组成的复合体。混合料中土的种类不同，岩块的种类及含量不同，压实或夯实后的强度和变形特征也不同。随着混合料中含石量的增加，混合料由多土类过渡到中间类，最终发展到多石类，其结构也相应由密实－悬浮结构转化为骨架－密实结构，最终进入骨架－空隙结构。对于多石类结构而言，基本上无法通过击实试验获取其最大干密度，通常其最大干密度的获得主要通过现场碾压试验得到。有研究表明，对于含石量较高的土石混合料，对压实质量起决定作用的是粗粒料的压实状况。并且含水量对土石混合料最大干密度的影响通常是对细粒土起作用，而对于多石类土石混合料细粒土所占比例很低，因此，含水量对整个土石混合料最大干密度的影响也就相对较小，从而，确定土石混合料的最大干密度一般通过现场碾压法获得。

　　具体检测方法为分别对场区内的土石混合料分别进行不同碾压次数下的密度试验，绘制碾压次数与干密度曲线关系，曲线中干密度最大点即可认为是最大干密度取值。对于土石混合料来说，随着碾压次数的增加，其密度可能呈现两种趋势，一种是逐渐增大，最终趋于定值，另一种是干密度值先增大后减小，在最佳碾压次数时，干密度达到峰值。

第五节　不同最大干密度确定方法选取

　　根据前面的分析，粗集料含量不同，土石混合料的最大干密度不同，在施工现场由于材料的不均匀性和施工过程的不确定性，不同区域位置处的含石量、含水量也会存在差异，进而造成最大干密度在空间中分布的不均匀性。因此，基于土石混合料压实特性分报告中研究结论可知，对于含石量低的多土类土石混合料，最大干密度的主要影响因素为含石量和含水量，因此，需要建立最大干密度关于含石量和含水量的函数关系式或关系图表，在实际检测过程中，按照灌砂法（灌水法）测试干密度的同时，进行颗粒筛分试验确定含石量，根据含石量和含水量确定最大干密度，据此计算该测点的压实系数；对于含石量高的多石类土石混合料，其最大干密度的主要影响因素为含石量，因此可以在预实验阶段通过设置不同含石量的碾压试验，确定含石量与最大干密度对应关系，在实际检测过程中同样需要进行筛分试验，以确定含石量，在此基础上确定标准最大干密度，进而计算压实系数；而对于含石量在 30%～70%的土石混合料，最大干密度可以通过相似级配法得到，但对不同的土石混合料、不同的颗粒级配情况下相似级配法的准确性会存在一定差异，因此最好的试验方法仍然是大型击实试验。

第六章

各行业关于土石混合填料的
压实质量控制标准

不同行业填方工程的最终目标不同，填料类型和填料方案不同，填方工程特点不同，最终的压实质量控制标准也会有所不同。以电力行业为典型的建筑行业填方工程往往存在填方量大，填方深度大的工程特点，压实手段也有分层碾压、分层强夯以及两种方法相结合等手段；公路铁路行业则是对于填料的要求十分严格，压实手段也以碾压为主，并且考虑到后期所受到的主要荷载效应类型不同，相应的检测指标侧重点也会有所差异。本章对国内现阶段各个行业的压实质量控制标准进行了说明，通过横向对比的方式启发工程从业人员针对不同的工程特点，选择更为合理的控制指标和标准。

第一节 建筑行业填方地基压实质量控制标准

《电力工程地基处理技术规程》中对填方地基强夯处理的压实质量检测控制标准做过相关说明，规范指出强夯施工结束后应间隔一定时间方能对强夯地基效果进行检测。对于碎石土和砂土地基，其间隔时间可取 1～2 周；低饱和的粉土和黏性土地基可取 3～4 周。强夯效果检测应采用原位测试与室内土工试验相结合的方法，重点查明强夯后地基土的有关物理力学指标，确定强夯有效影响深度，核实强夯地基设计参数等。

地基检测工作量，应根据场地复杂程度和建筑物的重要性确定。对于简单场地上的一般建筑物，每个建筑物地基的检测点不应少于 3 处；对于复杂场地或重要建筑物地基应增加检测点数。对大型处理场地，可按下列规定执行：1 对黏性土、粉土、填土、湿陷性黄土，每 1000m² 采样点不少于 1 个（湿陷性黄土必须有探井取样），且在深度上每米应取 1 件一级土试样，进行室内土工试验；静力触探试验点不少于 1 个。标准贯入试验、旁压试验和动力触探试验可与静力触探及室内试验对比进行。

对粗粒土、填土，每 600m² 应布置 1 个标准贯入试验或动力触探试验孔，并应通过其他有效手段测试地基土物理力学性质指标。粗粒土地基还应有一定数量的颗粒分析试验。载荷试验点每 3000~6000m² 取 1 点，厂区主要建筑载荷试验点数不应少于 3 点。承压板面积不宜小于 0.5m²。现场渗水试验、旁压试验、剪切试验、波速试验等宜根据具体工程需要进行。对强夯面积较小的工程，可按数据统计确定所需的最少的检测点数量。检测点位置应结合建筑物轮廓线、轴线、中心线等均匀或对称布置。对单独夯坑地基应制订专门的检测方案。检测深度应大于强夯有效影响深度。

建筑地基工程施工质量验收标准中对填方地基的压实质量控制标准有过说明，分别从地基载力、处理后地基强度和变形指标进行控制。地基承载力应不小于设计值，测试方法为静载荷试验辅以动力触探试验；处理后地基强度应不小于设计值，测试方法主要为原位测试手段，包括大型剪切试验、取样室内土工试验等，基于土石混合料类别的不同灵活选择；变形指标应满足工后沉降要求，应通过各种原位测试手段获得，包括静载荷试验、动力触探试验、扁铲侧胀试验等。

高填方地基处理技术规范中对分层填方压实地基、强夯地基做出如下要求：分层填筑应采用堆填摊铺，不得抛填施工。巨粒土、粗粒土料宜选用强夯法、冲击压实法处理。土夹石混合料或细粒土料宜选用冲击压实或振动碾压法处理。巨粒土、粗粒土料及土夹石混合料采用强夯法处理时，其分层厚度、施工参数及夯实指标应根据现场强夯单点夯击试验或地区经验确定；当无试验资料或经验时，可按表 6-1 采用。土夹石或细粒土料采用冲击压实或振动碾压法处理时，其分层厚度、施工参数及压实指标应根据现场试验或地区经验确定；当无试验资料或经验时，可按表6-2采用。

表6-1　　巨粒土、粗粒土料及土夹石混合料分层厚度、施工参数及夯实指标

分层厚度（m）	强夯施工参数						地基土夯实指标
	夯点形式	单击夯击能（kN·m）	夯点间距（m）	夯点布置	单点夯击数	最后两击平均夯沉量（mm）	
4	点夯	3000	4.0	正方形	12~14	≤50	$\rho_d \geq 2.0\text{t/m}^3$
	满夯	1000	锤印搭接	锤印搭接	3~5	—	
5	点夯	4000	4.5	正方形	10~12	≤100	
	满夯	1500	锤印搭接	锤印搭接	3~5	—	
6	点夯	6000	5.0	正方形	10~12	≤150	
	满夯	2000	锤印搭接	锤印搭接	3~5	—	

表6-2　　　　　　土夹石或细粒土料分层厚度、施工参数及压实指标

分层厚度（m）		遍数		行驶速度（km/h）		地基土压实指标	
冲击压实	振动碾压	冲击压实	振动碾压	冲击压实	振动碾压	冲击压实	振动碾压
0.4~0.6	0.3~0.4	8~10	6~8	6~8	1.5~2.0	$\rho_d \geq 2.0\text{t/m}^3$	$\lambda_c \geq 0.97$
0.6~0.8	0.4~0.6	10~15	8~10	6~8	1.5~2.0		
0.8~1.0	—	15~20		6~8			
1.0~1.2	—	20~25		6~8			

　　填筑地基质量检验应符合下列规定：巨粒土、粗粒土和土夹石混合填料分层压（夯）实质量检测应采用现场干密度试验，试验坑的直径宜大于3倍最大填料粒径，且不应小于1.0m；填料粒径大于38mm时，应在填筑地基深度内挖探坑采用灌水法检测干密度；填料粒径小于38mm时，可采用灌砂法或环刀法检测压（夯）实系数；对干密度检验的试验坑、动力触探试验和标准贯入试验孔等，检验后应及时回填压（夯）实。填筑地基采用同一填筑材料、施工方法和参数的检验项目在各建设场地分区不应少于3点，并应符合表6-3的规定。当检验指标未达到设计要

求时，应进行两组以上的复检。当复检指标达到设计要求时，可仅处理不合格区域；当复检指标仍未达到设计要求时，应对检验划定的不合格范围重新处理，直到合格。

表 6-3 　　　　　　　　　　　　　　质量检验项目、范围及频数

项目	检测频数		
	建构筑物用地区和边坡区	场地平整区	规划预留发展区
层厚检验	每 500m² 至少有一点	每 500m² 至少有一点	每 2000m² 至少有一点
压（夯）层面沉降量	10m×10m 方格网测量	20m×20m 方格网测量	50m×50m 方格网测量
地基土压（夯）实指标	每 500m² 至少有一点	每 1000m² 至少有一点	每 2000m² 至少有一点
土的物理力学指标	每 500m² 至少有一点	每 1000m² 至少有一点	每 2000m² 至少有一点
重型动力触探	每 500m² 至少有一点	每 1000m² 至少有一点	每 2000m² 至少有一点
荷载试验	每 1000m² 至少有一点		

第二节　公路行业填方路基压实质量控制标准

对于土石混合料填方地基，填料应符合以下规定：天然土石混合填料中，中硬、硬质石料的最大粒径不得大于压实层厚的 2/3；石料为强风化石料或软质石料时，石料最大粒径不得大于压实层厚。中硬、硬质石料的粒径过大，在碾压时易造成压路机碾压轮的架空，不利于中间土的压实，因此规定中硬、硬质石料的最大粒径规定不得超过层厚的 2/3。压实机械宜选用自重不小于 18t 的振动压路机。应分层填筑压实，不得倾填。应使大粒径石料均匀分散在填料中，石料间孔隙应填充小粒径石料和土。土石混合料来自不同料场，其岩性或土石比例相差大时，宜分层或分段填筑。填料由土石混合材料变化为其他填料时，土石混合材料最后一层的压实厚度应小于 300mm，该层填料最大粒径宜小于 150mm，压实后表面应无孔洞。中硬、硬质石料填筑土石路堤时，宜进行边坡码砌，码砌与路堤填筑宜同步进行，软质石料土石路堤的边坡按土质路堤边坡处理。采用强夯、冲击压路机进行补压时，应避免对附近构造

物造成影响。中硬及硬质岩石的土石路堤填筑施工过程中每一压实层，应采用试验路段确定的工艺流程、工艺参数，压实质量可采用沉降差指标进行检测。软质石料的土石路堤填筑质量标准应符合表6－4的规定。检测频率为每200m每压实层测2处。

表6－4   软质石料土石路堤填筑质量标准

填筑部位（路面底面以下深度）（m）				压实度		
				高速公路、一级公路	二级公路	三、四级公路
填方路基	上路床		0～0.3	≥96	≥95	≥94
	下路床	轻、中及重交通	0.3～0.5	≥96	≥95	≥94
		特重、极重交通	0.3～1.2			—
	上路堤	轻、中及重交通	0.8～1.5	≥94	≥94	≥93
		特重、极重交通	1.2～1.9			—
	下路堤	轻、中及重交通	＞1.5	≥93	≥92	≥90
		特重、极重交通	＞1.9			

路基、路面压实度应以1～3km长的路段为检验评定单元，按本标准各有关章节要求的检测频率进行现场压实度抽样检查，求算每一测点的压实度K。粗粒土及路面结构层压实度检查可采用灌砂法、水袋法或钻孔取样蜡封法。应用核子密度仪时，应经对比试验检验，确认其可靠性。

检验评定段的压实度代表值K（算术平均值的下置信界限）为

$$K = \bar{k} - t_\alpha S / \sqrt{n} \geqslant K_0 \qquad (6-1)$$

式中 $\bar{k}$ ——检验评定段内各测点压实度的平均值。

t_α ——t分布表中随测点数和保证率（或置信度α）而变的系数；采用的保证率，高速公路、一级公路；基层、底基层为99%，路基、路面面层为95%；其他公路：基层、底基层为95%，路基、路面面层为90%。

S ——检测值的标准差。

n ——检测点数。

K_0 ——压实度标准值。

路基、基层和底基层：$K \geqslant K_0$，且单点压实度 K_i 全部大于或等于规定值减 2 个百分点时，评定路段的压实度合格率为 100%；当 $K \geqslant K_0$，且单点压实度 K_i 全部大于或等于规定极值时，按测定值不低于规定值减 2 个百分点的测点数计算合格率。

$K < K_0$ 或某一单点压实度 K_i 小于规定极值时，该评定路段压实度为不合格，相应分项工程评为不合格。

路基施工段落短时，分层压实度应全部符合要求，且样本数不少于 6 个。

第三节 铁路行业填方路基压实质量控制标准

基床表层、底层及基床以下路堤填料的压实标准见表 6−5～表 6−7。

表 6−5　　　　　　　　　　　基床表层填料的压实标准

铁路等级及设计速度		填料	压实标准			
			压实系数	地基系数（MPa/m）	7d 饱和无侧限抗压强度（kPa）	动态变形模量（MPa）
客货共线铁路及城际铁路	200km/h	级配碎石	≥0.97	≥190	—	—
	160km/h	级配碎石	≥0.95	≥150	—	—
		A1、A2 组　砾石类、碎石类	≥0.95	≥150	—	—
	120km/h	A1、A2 组　砾石类、碎石类	≥0.95	≥150	—	—
		B1、B2 组　砾石类、碎石类	≥0.95	≥150	—	—
		B1、B2 组　砂类土（粉细砂除外）	≥0.95	≥110	—	—
		化学改良土	≥0.95	—	≥500（700）	—
	无砟轨道	级配碎石	≥0.97	≥190	—	≥55
高速铁路		级配碎石	≥0.97	≥190	—	≥55
重载铁路		级配碎石	≥0.97	≥190	—	≥55
	A1 组	砾石类	≥0.97	≥190	—	≥55

表 6–6 基床底层填料的压实标准

铁路等级及设计速度		填料	压实标准			
			压实系数	地基系数（MPa/m）	7d 饱和无侧限抗压强度（kPa）	动态变形模量（MPa）
客货共线铁路及城际铁路	200km/h	A、B组 粗砾土、碎石类	≥0.95	≥150	—	—
		A、B组 砂类土（粉细砂除外）	≥0.95	≥130	—	—
		化学改良土	≥0.95	—	≥350（550）	—
	160km/h	A、B组 砾石类、碎石类	≥0.93	≥130	—	—
		A、B组 砂类土（粉细砂除外）	≥0.93	≥100	—	—
		化学改良土	≥0.93	—	≥350（550）	—
	120km/h	A、B、C1、C2组 砾石类、碎石类	≥0.93	≥150	—	—
		A、B、C1、C2组 砂类土、细粒土	≥0.93	≥130	—	—
		化学改良土	≥0.93	—	≥350（550）	—
	无砟轨道	A、B组 粗砾土、碎石类	≥0.95	≥150	—	≥40
		A、B组 砂类土（粉细砂除外）细砾土	≥0.95	≥130	—	≥40
		化学改良土	≥0.95	—	≥350（550）	—
高速铁路		A、B组 粗砾土、碎石类	≥0.95	≥150	—	≥40
		A、B组 砂类土（粉细砂除外）细砾土	≥0.95	≥130	—	≥40
		化学改良土	≥0.95	—	≥350（550）	—
重载铁路		A、B组 粗砾土、碎石类	≥0.95	—	—	≥40
		A、B组 砂类土（粉细砂除外）细砾土	≥0.95	≥130	—	≥40
		化学改良土	≥0.95	—	≥350（550）	—

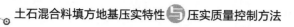

表 6-7 基床以下路堤填料的压实标准

铁路等级及设计速度		填料	压实标准		
			压实系数	地基系数（MPa/m）	7d 饱和无侧限抗压强度（kPa）
客货共线铁路及城际铁路有砟轨道	200km/h	细粒土	≥0.90	≥90	—
		砂类土、细砾土	≥0.90	≥110	—
		碎石类及粗砾土	≥0.90	≥130	—
		化学改良土	≥0.90	—	≥250
	160km/h 120km/h	细粒土、砂类土	≥0.90	≥80	—
		砾石类、碎石土	≥0.90	≥110	—
		块石类	≥0.90	≥130	—
		化学改良土	≥0.90	—	≥200
高速铁路及无砟轨道客货共线铁路、城际铁路		砂类土、细砾土	≥0.92	≥110	—
		碎石类及粗砾土	≥0.92	≥130	—
		化学改良土	≥0.92	—	≥250
重载铁路		细粒土、砂类土	≥0.92	≥90	—
		细砾土	≥0.92	≥110	—
		碎石类及粗砾土	≥0.92	≥130	—
		化学改良土	≥0.92	—	≥250

附录 A　灌　水　法

1　目的和适用范围

本试验方法适用于现场测定各类土的密度。

2　主要仪器设备

2.1　套环：套环的直径为土中所含最大石块粒径的 3～5 倍，略大于试坑直径，套环的高度为其粒径的 5%。

2.2　薄膜：聚乙烯塑料薄膜。

2.3　储水桶：根据试坑尺寸选择不同规格。

2.4　台秤：称量 50kg，感量 5g。

2.5　分析筛：孔径 60、40、20mm。

2.6　其他：铁镐、铁铲、水准仪等。

3　试验步骤

3.1　根据试样最大粒径宜按表 A-1 确定试坑尺寸。

表 A-1　　　　　　　　　　　　　试　坑　尺　寸　　　　　　　　　　　（mm）

试样最大粒径	试坑尺寸	
	直径	深度
5～20	150	200
40	200	250
60	250	300
200	800	1000

3.2　按确定的试坑直径画出坑口轮廓线。将测点处的地表整平，地表的浮土、石块、杂物等应予以清除，坑洼不平处用砂铺整。

3.3　将套环固定于整平后的地表，并将试坑轮廓线包含在内，用水准仪将套环调平。

3.4　将聚乙烯塑料膜沿套环内壁及地表紧贴铺好并翻出套环。将储水桶内已知质量的水缓缓灌入塑料薄膜内，直至与套环顶面齐平，称量储水桶内水余下的质量，计算灌入套环内水的质量。灌水时用手轻按塑料薄膜，使塑料薄膜紧贴土体表面和环壁。测试完成后，在保证套环固定状态下，将薄膜盛装的水排至对该实验不产生影响的场所，然后将薄膜揭离底板。

3.5 在轮廓线线范围内挖取试样，先垂直下挖，至试坑直径深度后再将试坑开挖成半球形。开挖时，应避免对坑壁土体的扰动；当坑壁有较深凹陷时，应用坑内土进行填实；坑壁不应有较大的凸现和尖锐棱角出现。称取试样质量，并进行筛分试验至 20mm 筛孔停止。

3.6 将聚乙烯塑料膜自坑底沿坑壁、套环紧密贴铺好并翻出套环。将储水桶内已知质量的水缓缓灌入塑料薄膜内，直至与套环顶面齐平，称量储水桶内水余下的质量，计算灌入试坑和套环内水的质量。在往薄膜形成的袋内注水时，牵住薄膜的某一部位，一边拉松，一边注水，使薄膜与坑壁见的空气得以排出，从而提高薄膜与坑壁的密贴程度。

3.7 试验结束后，排除坑内水，取出塑料薄膜，检查有无破坏，如有破坏，宜另取塑料薄膜，重做试验。

4 结果整理

4.1 细粒与石料应分开测定含水率，按下式求出整体的含水率

$$\omega = \omega_f p_f + \omega_c (1 - p_f) \tag{A-1}$$

式中 ω——整体含水率（%），计算至 0.01；

ω_f——细粒料部分的含水率（%）；

ω_c——石料部分的含水率（%）；

p_f——细粒料的干质量与全部材料的干质量之比。

含水率计算中细粒料与石料的划分以粒径 20mm 为界。

4.2 按下式计算套环与地表围成圆柱体的体积

$$V_1 = (m_1 - m_2) / \rho_w \tag{A-2}$$

式中 V_1——套环与地表围成圆柱体的体积（cm³），计算至 0.01；

ρ_w——纯水密度（g/cm³）；

m_1——储水桶内水总质量（g）；

m_2——储水桶内注水终了时水剩余质量（g）。

4.3 按下式计算试坑体积

$$V_p = (M_1 - M_2)/\rho_w - V_1 \qquad (A-3)$$

式中 V_p——试坑体积（cm³），计算至 0.01；

M_1——储水桶内水总质量（g）；

M_2——储水桶内注水终了时水剩余质量（g）。

4.4 按下式计算试样湿密度

$$\rho = \frac{m_p}{V_p} \qquad (A-4)$$

式中 ρ——试样湿密度（g/cm³），计算至 0.01；

m_p——取自试坑内的试样质量（g）。

4.5 灌水法密度试验记录格式见表 A-2。

表 A-2　　　　　　　　　　灌水法密度试验记录

工程名称＿＿＿＿＿＿　　　　　　　试　验　者＿＿＿＿＿＿

土样编号＿＿＿＿＿＿　　　　　　　计　算　者＿＿＿＿＿＿

试坑深度＿＿＿＿＿＿　　　　　　　校　核　者＿＿＿＿＿＿

试样最大粒径＿＿＿＿＿　　　　　　试验日期＿＿＿＿＿＿

测点			1	2	3	4	5	6
套环部分注水前储水桶内水质量	m_1	g						
套环部分注水后储水桶内水质量	m_2	g						
套环与地表围成圆柱体体积	$V_1=(m_1-m_2)/\rho_w$	cm³						
试坑加套环部分注水前储水桶内水质量	M_1	g						
试坑加套环部分注水后储水桶内水质量	M_2	g						
试坑体积	$V_p=(M_1-M_2)/\rho_w-V_1$	cm³						
取自试坑内的试样质量	m_p	g						
试样湿密度	$\rho=\dfrac{m_p}{V_p}$	g/cm³						
细粒料部分含水率	ω_f	%						
石料部分含水率	ω_c	%						
细粒料干质量与全部干质量之比	p_f							

续表

测点			1	2	3	4	5	6
整体含水率	$\omega = \omega_f p_f + \omega_c(1-p_f)$	%						
试样干密度	$\rho_d = \dfrac{\rho}{1+\omega}$	g/cm³						
压实系数	$K = \dfrac{V_s}{V_p} \times 100\%$							

附录 B 灌 砂 法

1 目的和适用范围

本试验方法适用于现场测定粒径不大于 60mm 的粗粒类土的密度。地下水位以下，不宜采用本方法。

2 主要仪器设备

2.1 灌砂筒：金属圆筒（可用白铁皮制作）的内径为 100mm，总高 360mm。灌砂筒主要分两部分：上部为储砂筒，筒深 270mm（容积约 2120cm³），桶底中心有一个直径 10mm 的圆孔；下部装一倒置的圆锥形漏斗，漏斗上端开口直径为 10mm，并焊接在一块直径 100mm 的铁板上，铁板中心有一直径 10mm 的圆孔与漏斗上开口相接。在储砂筒桶底与漏斗顶端铁板之间设有开关。开关为一薄铁板，一端与桶底及漏斗铁板铰接在一起，另一端伸出筒身外，开关铁板上也有一个直径 10mm 的圆孔。将开关向左移动时，开关铁板上的圆孔恰好与桶底圆孔及漏斗上开口相对，即三个圆孔在平面上重叠在一起，砂就可通过圆孔自由下落。将开关向右移动时，开关将桶底圆孔堵塞，砂即停止下落。

2.2 金属标定灌：内径 100mm，高 150mm 和 200mm 的金属罐各一个，上端周围有一罐缘。

注：如试坑不是 150mm 或 200mm 时，标定罐的深度应与拟挖试坑深度相同。

2.3 基板：一个边长 400mm、深 40mm 的金属方盘，盘中心有直径 100～300mm 不等的圆孔。

2.4 台秤，称量 20kg，最小分度值 5g。

2.5 玻璃板：边长约 500mm 的方形板。

2.6 打洞及从洞中取料的合适工具，如凿子、铁锤、长把勺、长把小簸箕、毛刷等。

2.7 其他：铝盒、天平、烘箱等。

3 仪器标定

3.1 确定灌砂筒下部圆锥体内砂的质量，过程如下：

3.1.1 在储砂筒内装满砂，筒内砂的高度与筒顶的距离不超过 15mm，称筒内砂的质量 m_1，准确至 1g。每次标定及以后的试验都维持该质量不变。

3.1.2 将开关打开，让砂流出，并使流出砂的体积与工地所挖试洞的体积相当（或等于标定罐的容积）；然后关上开关，并称量筒内砂的质量 m_5，准确至 1g。

3.1.3 将灌砂筒放在玻璃板上，打开开关，让砂流出，直到筒内砂不再下流时，关上开关，并小心地取走罐砂筒。

3.1.4 收集并称量留在玻璃板上的砂或称量筒内的砂，准确至 1g。玻璃板上的砂就是填满灌砂筒下部圆锥体的砂。

3.1.5 重复上述测量，至少三次；最后取其平均值 m_2，准确至 1g。

3.2 确定量砂的密度。

3.2.1 用水确定标定罐的容积 V。

（1）将空罐放在台秤上，使罐的上口处于水平位置，读记罐质量 m_7，准确至 1g。

（2）向标定罐中灌水，注意不要将水弄到台秤上或罐的外壁；将一直尺放在罐顶，当罐中水面快要接近直尺时，用滴管往罐中加水，直到水面接触直尺；移去直尺，读记罐和水的总质量 m_8。

（3）重复测量时，仅需用吸管从罐中取出少量水，并用滴管重新将水加满到接触直尺。

（4）标定罐的体积 V 按下式计算

$$V = (m_8 - m_7)/\rho_w \qquad (B-1)$$

式中 V——标定罐的容积（cm^3），计算至 0.01m；

m_7——标定罐质量（g）；

m_8——标定罐和水的总质量（g）；

ρ_w——水的密度（g/cm^3）。

3.2.2 在储砂筒中装入质量为 m_1 的砂，并将罐砂筒放在标定罐上，打开开关，让砂流出，直到储砂筒内的砂不再下流时，关闭开关；取下罐砂筒，称筒内剩余的砂质量，准确至 1g。

3.2.3 重复上述测量，至少三次，最后取其平均值 m_3，准确至 1g。

3.2.4 按下式计算填满标定罐所需砂的质量 m_a

$$m_a = m_1 - m_2 - m_3 \qquad\qquad\text{（B－2）}$$

式中　m_a——砂的质量（g），计算至 1；

　　　m_1——灌砂入标定罐前，筒内砂的质量（g）；

　　　m_2——灌砂筒下部圆锥体内砂的平均质量（g）；

　　　m_3——灌砂入标定罐后，筒内剩余砂的质量（g）。

3.2.5　按下式计算量砂的密度 ρ_s

$$\rho_s = \frac{m_a}{V} \qquad\qquad\text{（B－3）}$$

式中　ρ_s——砂的密度（g/cm³），计算至 0.01；

　　　V——标定罐的体积（cm³）；

　　　m_a——砂的质量（g）。

4　试验步骤

4.1　在试验地点，选一块约 40cm×40cm 的平坦表面，并将其清扫干净；将基板放在此平坦表面上；如此表面的粗糙度较大，则将盛有量砂 m_5 的灌砂筒放在基板中间的圆孔上；打开灌砂筒开关，让砂流入基板的中孔内，直到储砂筒内的砂不再下流时关闭开关；取下罐砂筒，并称筒内砂的质量 m_6，准确至 1g。

4.2　取走基板，将留在试验地点的量砂收回，重新将表面清扫干净；将基板放在清扫干净的表面上，沿基板中孔凿洞，洞的直径为 100mm。在凿洞过程中，应注意不使凿出的试样丢失，并随时将凿松的材料取出，放在已知质量的塑料袋内，密封。试洞的深度应与标定罐高度接近或一致。凿洞毕，称此塑料袋中全部试样质量，准确至 1g。减去已知塑料袋质量后，即为试样的总质量 m_t。

4.3　从挖出的全部试样中取有代表性的样品，放入铝盒中，测定其含水率 ω。样品数量：对于细粒土，不少于 100g；对于粗粒土，不少于 500g。

4.4　将基板安放在试洞上，将灌砂筒安放在基板中间（储砂筒内放满砂至恒量 m_1），使灌砂筒的下口对准基板的中孔及试洞。打开灌砂筒开关，让砂流入试洞内。关闭开关。小心取走灌砂筒，称量筒内剩余砂的质量 m_4，准确至 1g。

4.5　如清扫干净的平坦的表面上，粗糙度不大，则不需放基板，将罐砂筒直接放在已挖好的试洞上。打开筒的开关，让砂流入试洞内。在此期间，应注意勿碰动灌砂筒。直到储砂筒内的砂不再下流时，关闭开关。仔细取走灌砂筒，称量筒内

剩余砂的质量 m_4，准确至 1g。

4.6 取出试洞内的量砂，以备下次试验时再用。若量砂的湿度已发生变化或量砂中混有杂质，则应重新烘干、过筛，并放置一段时间，使其与空气的湿度达到平衡后再用。

4.7 如试洞中有较大孔隙，量砂可能进入孔隙时，则应按试洞外形，松弛地放入一层柔软的纱布。然后再进行灌砂工作。

5 结果整理

5.1 按下式计算填满石洞所需要砂的质量：

灌砂时试坑上放有基板的情况

$$m_b = m_1 - m_4 - (m_5 - m_6) \tag{B-4}$$

灌砂时试坑上不放基板的情况

$$m_b = m_1 - m_4' - m_2 \tag{B-5}$$

式中 m_b ——砂的质量（g）；

m_1 ——灌砂入试坑前筒内砂的质量（g）；

m_2 ——灌砂筒下部圆锥体内砂的平均质量（g）；

m_4、m_4' ——灌砂入试坑后，筒内剩余砂的质量（g）；

$m_5 - m_6$ ——灌砂筒下部圆锥体内及基板和粗糙表面间砂的总质量（g）。

5.2 按下式计算试验点土的湿密度

$$\rho = \frac{m_t}{m_b} \times \rho_s \tag{B-6}$$

式中 ρ ——土的湿密度（g/cm³），计算至 0.01；

m_t ——坑中取出的全部土样质量（g）；

m_b ——填满试坑所需砂的质量（g）；

ρ_s ——量砂的密度（g/cm³）。

5.3 按下式计算土的干密度

$$\rho_d = \frac{\rho}{1 + 0.01\omega} \tag{B-7}$$

式中 ρ_d ——土的干密度（g/cm³），计算至 0.01；

ρ ——土的湿密度（g/cm³）；

ω——土的含水量（%）。

5.4 按下式计算土的压实系数

$$K = \frac{\rho_d}{\rho_{dmax}} \tag{B-8}$$

式中 ρ_d——土的干密度（g/cm³），计算至 0.01；

ρ_{dmax}——土的最大干密度（g/cm³）；

K——压实系数。

5.5 本试验的记录格式见表 B-1。

表 B-1 　　　　　　　　　灌砂法密度试验记录

工程名称_____　　　土样说明_____　　　试验日期_____

试 验 者_____　　　计 算 者_____　　　校 核 者_____

砂的密度_____

点位号	试坑中湿土样质量（g）	灌满试坑后剩余砂质量（g）	试坑内砂质量（g）	湿密度（g/cm³）	含水率测定							干密度（g/cm³）	压实系数
					盒号	盒+湿土质量（g）	盒+干土质量（g）	盒质量（g）	干土质量（g）	水质量（g）	含水率（%）		
1													
2													

附录 C 核子湿度密度仪法

1 目的和适用范围

本试验方法适用于现场测定各类土体的密度和含水率。

2 主要仪器设备

2.1 核子湿度密度仪：符合国家规定的关于健康保护和安全使用标准，密度的测定范围为 $1.12\sim2.73g/cm^3$，测定误差不大于 $\pm0.03g/cm^3$；含水率测量范围为 $0\sim0.64g/cm^3$，测定误差不大于 $\pm0.015g/cm^3$，它主要包括下列部件：

2.1.1 γ 射线源：双层密封的同位素放射源，如铯—137，钴—60 或镭—226 等。

2.1.2 中子源：如镅（241）—铍等。

2.1.3 探测器：γ 射线探测器，如 G－M 计数管；热中子探测器，如氦—3 管。

2.1.4 读数显示设备：如液晶显示器、脉冲计数器、数率表或直接读数表。

2.1.5 标准计数块：密度和含氢量都均匀不变的材料块，用于标验仪器运行状况和提供射线计数的参考标准。

2.1.6 钻杆：用于打测试孔以便插入探测杆。

2.1.7 安全防护设备：符合国家规定要求的设备。

2.1.8 刮平板、钻杆、接线等。

2.2 细砂：$0.15\sim0.3mm$。

2.3 天平或台秤。

2.4 其他：毛刷等。

3 仪器的标定

3.1 每 12 个月以内要对核子湿度密度仪进行一次标定。标定可以由仪器生产厂家或独立的有资质的服务机构进行。

3.2 对新出厂的仪器事先已经标定过的，可以不标定。对现存仪器如果经过维修后，可能影响仪器的结构，必须进行新的标定后才能使用。现存仪器如果在标定核实过程中被发现了不能满足规定的限值，也必须重新标定。

3.3 标定后的仪器密度（或含水率）值应达到要求，所有标定块上的每一测

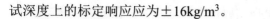

试深度上的标定响应应为±16kg/m³。

4　测试前准备工作

4.1　用于测试地基土的密度及含水率时，使用直接透射法。

4.2　每天使用前或者对测试结果有怀疑时，按下列步骤用标准计数块测定仪器的标准值：

4.2.1　进行标准值测定时的地点至少离开其他放射源 10m 的距离，地面必须终压实而且平整。

4.2.2　接通电源，按照仪器使用说明书建议的预热时间，预热测定仪。

4.2.3　在测定前，应检查仪器性能是否正常。将仪器在标准计数块上放置平稳，按照仪器使用说明书的要求进行标准化计数并判断仪器标准化计数值必须符合要求，如标准化计数值超过规定的限值时，应确认标准计数的方法和环境是否符合要求，并重复进行标准化计数；若第二次标准化计数值仍超出规定的限界时，需视作故障并进行仪器检查。

4.3　对同种土体的密度及含水率测定前，宜与灌水法（灌砂法）的结果进行对比标定。标定步骤如下：

4.3.1　根据设计文件堆填与施工区域填料、施工参数一致的试验区；

4.3.2　选定合适测点，于拟测试点位利用导板和钻杆在测试土体表面打一个垂直的测试孔，测试孔要以插进探测杆后仪器在测点表面不倾斜为准。孔深必须大于探测杆达到的测试深度。再将探测杆放下插入已打好的测试孔内，前后左右移动仪器，使之安防稳固。

4.3.3　打开核子湿度密度仪测试开关，检测人员退离至设备 2m 范围外，待仪器提示测试完成后，记录第一组测试数据。将核子湿度密度仪旋转 90°，再次进行湿度密度测试，重复该步骤三次，共搜集得到四个方向的测试数据。取平均值作为最终湿密度、含水率计算结果。

4.3.4　于核子密度仪测试位置开展灌水法（灌砂法）密度试验，根据 4.4 和 5.5 中相关规定计算测点湿密度、含水率结果。

4.3.5　在试验区开展不少于 15 个测点的对比试验，求取两种不同方法测定湿密度、含水率的相关关系，其相关系数不应小于 0.90。当相关关系大于 0.90 时，后续测试相同填料时，可以根据相关关系式由核子湿度密度仪的测试结果计算土体湿密度和含水率。当相关系数不足 0.90 时，应扩大测试点数或选用其他测试方法。

5 测试步骤

5.1 将待测点表面清理平整，并将浮土清扫干净。

5.2 用脚将导板固定，用钻杆在测点表面打一个垂直的测试孔，测试孔要以插进去探测杆后仪器在测点表面不倾斜为准。孔深必须大于探测杆需要到达的测试深度。

5.3 将核子湿度密度仪探测杆对准探测孔，握紧手柄将探测杆插入测试孔至测试深度。当探测杆无法插入至探测深度时，应将探测杆拔出，使用导板和钻杆增大探测孔深度或矫正探测孔倾斜角度。

5.4 待探测杆插入探测孔预计测试深度后，打开核子湿度密度仪，检测员退至仪器 2m 范围外，按照选定的测试时间进行测量，到达测定时间后，读取湿密度、含水率和干密度数据，并记录于相应的记录表中。

5.5 将仪器转动 90°，再次点击开始测试按钮，待测试结束后记录相应数据，重复该过程 3 次，共得到 4 个角度的湿密度、含水率和干密度结果。

5.6 本试验记录表如表 C-1 所示。

表 C-1   核子湿度密度仪试验记录

工程名称_____   土样说明_____   试验日期_____

试 验 者_____   计 算 者_____   校 核 者_____

测试点	测试角度 (°)	湿密度 (g/cm³)	含水率 (%)	干密度 (g/cm³)	干密度均值 (g/cm³)	最大干密度 (g/cm³)	压实系数
1	0						
	90						
	180						
	270						
2	0						
	90						
	180						
	270						

6 结果整理

6.1 按下式计算土的干密度

$$\rho_d = (\rho_{d1} + \rho_{d2} + \rho_{d3} + \rho_{d4})/4 \tag{C-1}$$

式中 ρ_d——土体干密度（g/cm³），精确至 0.01；

ρ_{d1}——核子湿度密度仪 0° 时测试的干密度（g/cm³）；

ρ_{d2}——核子湿度密度仪 90° 时测试的干密度（g/cm³）；

ρ_{d3}——核子湿度密度仪 180° 时测试的干密度（g/cm³）；

ρ_{d4}——核子湿度密度仪 270° 时测试的干密度（g/cm³）。

6.2 按下式计算土的压实系数

$$K = \frac{\rho_d}{\rho_{dmax}} \tag{C-2}$$

式中 ρ_d——土的干密度（g/cm³），计算至 0.01；

ρ_{dmax}——土的最大干密度（g/cm³）；

K——压实系数。

附录 D　固 体 体 积 率 法

1　目的和适用范围

本试验方法适用于漂石、块石颗粒为主的碎石土固体体积率测定。

2　主要仪器设备

2.1　套环：套环的直径为土中所含最大石块粒径的 3 倍，略大于试坑直径，套环的高度为其粒径的 5%。

2.2　薄膜：聚乙烯塑料薄膜。

2.3　储水桶：根据试坑尺寸选择不同规格。

2.4　台秤：称量 50kg，感量 5g。

2.5　烘箱：根据试样多少选择大小规格。

2.6　其他：铁镐、铁铲、水准仪等。

3　试验步骤

3.1　根据试样最大粒径宜按附表 A–1 确定试坑尺寸。

3.2　按确定的试坑直径画出坑口轮廓线。将测点处的地表整平，地表的浮土、石块、杂物等应予以清除。

3.3　将套环固定于整平后的地表，并将试坑轮廓线包含在内，用水准仪将套环调平。

3.4　将聚乙烯塑料膜沿套环内壁及地表紧贴铺好并翻出套环。将储水桶内已知质量的水缓缓灌入塑料薄膜内，直至与套环顶面齐平，称量储水桶内水余下的质量，计算灌入套环内水的质量。灌水时用手轻按塑料薄膜，使塑料薄膜紧贴土体表面和环壁。测试完成后，在保证套环固定状态下，将薄膜盛装的水排至对该实验不产生影响的场所，然后将薄膜揭离底板。

3.5　在轮廓线线范围内挖取试样，先垂直下挖，至试坑直径深度后再将试坑开挖成半球形。开挖时，应避免对坑壁土体的扰动；当坑壁有较深凹陷时，应用坑内土进行填实；坑壁不应有较大的凸现和尖锐棱角出现。将挖出的试样存放于事先准备好的集料桶中。

3.6 将聚乙烯塑料膜自坑底沿坑壁、套环紧密贴铺好并翻出套环。将储水桶内已知质量的水缓缓灌入塑料薄膜内，直至与套环顶面齐平，称量储水桶内水余下的质量，计算灌入试坑和套环内水的质量。在往薄膜形成的袋内注水时，牵住薄膜的某一部位，一边拉松，一边注水，使薄膜与坑壁间的空气得以排出，从而提高薄膜与坑壁的密贴程度。注水结束后，排除坑内水，取出塑料薄膜，检查有无破坏，如有破坏，宜另取塑料薄膜，重做试验。

3.7 将集料桶中的试样烘干，烘干后将试样放置于有刻度的水桶中。将储水筒中已知质量经煮沸冷却至室温的水缓缓倒入放有试样的水桶中，待水面高于试样5cm 以上时，用铁棒搅拌、插捣水下的试样，排除试样中的气体，搅拌过程中勿使桶内的水溅出，静置 2h 后，测出水面高度。根据水面高度计算水加试样的总体积，根据倒入桶内水质量计算水的体积，二者差值即为试样固体体积。

4 结果整理

4.1 按下式计算套环与地表围成圆柱体的体积

$$V_1 = (m_1 - m_2)/\rho_w \qquad (D-1)$$

式中 V_1——套环与地表围成圆柱体的体积（cm³），计算至 0.01；

ρ_w——纯水密度（g/cm³）；

m_1——储水桶内水总质量（g）；

m_2——储水桶内注水终了时水剩余质量（g）。

4.2 按下式计算试坑体积

$$V_p = (M_1 - M_2)/\rho_w - V_1 \qquad (D-2)$$

式中 V_p——试坑体积（cm³），计算至 0.01；

M_1——储水桶内水总质量（g）；

M_2——储水桶内注水终了时水剩余质量（g）。

4.3 按下式计算试样固体体积

$$V_s = hA_w - m_3/\rho_w \qquad (D-3)$$

式中 V_s——试样固体体积（cm³），计算至 0.01；

m_3——储水桶内经煮沸冷却后倒入有刻度水桶内水的质量（g）；

h——有刻度水桶加水搅拌静置后水面高度（cm）；

A_w——有刻度水桶的底面积（cm²）。

4.4 按下式计算试样固体体积率

$$\varphi = \frac{V_s}{V_p} \times 100\% \quad\quad\quad （D-4）$$

式中 φ——试样固体体积率，计算至 0.01；

V_s——试样固体体积（cm³）；

V_p——试坑体积（cm³）。

4.5 固体体积率试验记录格式见表 D-1。

表 D-1　　　　　　　　　　固体体积率试验记录

工程名称＿＿＿＿＿＿＿＿　　　　　　试 验 者＿＿＿＿＿＿＿＿

土样编号＿＿＿＿＿＿＿＿　　　　　　计 算 者＿＿＿＿＿＿＿＿

试坑深度＿＿＿＿＿＿＿＿　　　　　　校 核 者＿＿＿＿＿＿＿＿

试样最大粒径＿＿＿＿＿＿　　　　　　试验日期＿＿＿＿＿＿＿＿

点位号	套环部分注水前储水桶内水质量 m_1（g）	套环部分注水后储水桶内水质量 m_2（g）	试坑加套环部分注水前储水桶内水质量 M_1（g）	试坑加套环部分注水后储水桶内水质量 M_2（g/cm³）	试坑体积 V_p（cm³）	煮沸冷却后加入水桶内水质量 m_3（g）	带刻度水桶底面积 A_w（cm²）	带刻度水桶注水静置后水面高度 h（cm）	固体体积 V_s（cm³）	固体体积率 φ（%）
1										
2										
3										
4										
5										

附录 E 探 井 法

1 本方法适用于各类填方地基强夯后压实质量检测。

2 探井是地质勘测工作的一种技术手段，是为了直观观测地层剖面而在地表挖掘坑道的工作。其特点是人员可进入工程内部直接观测及采样，开展大型密度试验或固体体积率及颗分试验的检测，获得较为精准的压实质量情况。

3 于探井内开展的大型密度试验或固体体积率试验，试坑尺寸及试验步骤应满足 4.3 和 7.3。

4 探井内试验间距应结合强夯层厚度及大型密度试验或固体体积率试验的试坑尺寸决定，一般可按照每米进行一组试验进行。

5 探井断面可采取圆形或矩形，且圆形探井直径不宜小于 0.8m；矩形探井不宜小于 1.0m×1.2m；当根据土质情况需要放坡或分级开挖时，井口宜加大。

6 探井深度不宜超过地下水位，掘进深度超过 7m 时，应向井内通风、照明。

7 在探井中取样时，应与开挖同步进行，且样品应具有代表性。

8 探井的井口位置宜选择在坚固且稳定的部分，并应能代表该区域范围内的压实质量。

9 探井开挖过程中的土石方堆放位置离井口边缘应大于 1.0m。雨季施工时，应在井口设防雨篷和截水沟。

附录 F　钻孔取样法

1　本方法适用于现场测定粒径不大于 60mm 的粗粒类土强夯后地基压实质量。

2　采取的土样应为Ⅰ级不扰动或Ⅱ级轻微扰动的试样，不同等级土试样的取样工具可按照表 F-1 选择。

表 F-1　　　　　　　　　　　取样工具及适用土类

土试样质量等级	取样工具		适用土类				
			砂土				砾砂、碎石土、软岩
			粉砂	细砂	中砂	粗砂	
Ⅰ	薄壁取土器	固定活塞	+	－	－	－	－
		水压固定活塞	+	－	－	－	－
		自由活塞	+	－	－	－	－
		敞口	+	－	－	－	－
	回转取土器	单动三重管	＋＋	＋＋			－
		双动三重管			＋＋	＋＋	－
Ⅰ、Ⅱ	原状取砂器		＋＋	＋＋	＋＋	＋＋	＋
Ⅱ	薄壁取土器	水压固定活塞	+	－	－	－	－
		自由活塞	+	－	－	－	－
		敞口	+	－	－	－	－
	回转取土器	单动三重管	＋＋	＋＋	＋＋		
		双动双重管	－			＋＋	＋＋
	厚壁敞口取土器		＋	＋	＋	＋	－

3　采用套管护壁时，套管的下设深度与取样位置之间应保留三倍管径以上的距离。采用振动、冲击或锤击等钻进方法时，应在预计取样位置 1m 以上改用回转钻进。

4　下放取土器前应清孔，且除活塞取土器取样外，孔底残留淫土厚度不应大于取土器废土段长度。

5　采取土试样时，宜采用快速静力连续压入法。对于较硬土质，宜采用二、三重管回转取土器钻进取样，有地区经验时可采用重锤少击法取样。

6　取土试样前，应对所使用的钻孔取土器进行检查，并应合下列规定：

6.1　刃口卷折、残缺累计长度不应超过周长的 3%，刃口内径偏差不应大于标准值的 1%；

6.2　对于取土器，应量测其上、中、下三个截面的外径，每个截面应量测三个方向，且最大与最小之差不应超过 1.5mm；

6.3　取样管内壁应保持光滑，其内壁的锈斑和粘附土块应清除；

6.4　各类活塞取土器的活塞杆的锁定装置应保持清洁、功能强度正常、活塞松紧适度、密封有效；

6.5　取土器的衬筒应保证形状圆整、内侧清洁平滑、缝口平接、盒盖配合适当，重复使用前，应予清洗和整形；

6.6　敞口取土器头部的逆止阀应保持清洁、顺向排气排水畅通、逆向封闭有效；

6.7　回转取土器的单动、双动功能应保持正常，内管超前度应符合要求，自动调节内管超前度的弹簧功能应符合设计要求；

6.8　当零部件功能失效或有缺者时，应修复或更换后才能投入使用。

7　贯入式取样

7.1　贯入式取土器技术规格应符合表 F-2 的规定。

表 F-2　　　　　　　　　贯入式取土器技术指标

取土器		取样管外径（mm）	刃口角度（°）	面积比（%）	内间隙比（%）	外间隙比（%）	薄壁管总长（mm）	衬管长度（mm）	衬管材料	说明
薄壁取土器	敞口	50、75、100	5～10	<10	0	0	500、700、1000	—	—	—
	自由活塞									
	水压固定活塞	75、100		10～13	0.5～1.0					
	固定活塞									
束节式取土器		50、75、100	管靴薄壁段桶薄壁取土器，长度不小于内径的 3 倍				200、300	塑料，酚醛层压纸或用环刀		—
厚壁取土器		75～89、108	<10 双刃角	13～20	0.5～1.5	0～2.0	150、200、300	塑料，酚醛层压纸或镀锌薄钢板		废土段长度200mm

7.2 采取贯入式取样时，取土器应平稳下放，并不得碰撞孔壁和冲击孔底。取土器下放后，应核对孔深与钻具长度，当残留浮土厚度超过第9.5条的规定时，应提出取土器重新清孔。

7.3 采取Ⅰ级土试样时，应采用快速、连续的静压方式贯入取土器，贯入速度不应小于 0.1m/s。当利用钻机的给进系统施压时，应保证具有连续贯入的足够行程。采取Ⅱ级土试样，可使用间断静压方式或重锤少击方式贯入取土器。

7.4 在压入固定活塞取土器时，应将活塞杆与钻架牢固连接，活塞不得向下移动。当贯入过程中需监视活塞杆的位移变化时，可在活塞杆上设定相对于地面固定点的标志，并测记其高差。活塞杆位移量不得超过总贯入深度的1%。

7.5 取土器贯入深度宜控制在取样管总长的 90%。贯入深度应在贯入结束后准确量测并记录。当取土器压入预计深度后，应将取土器回转 2～3 圈或稍加静置后再提出取土器。

8 回转式取样

8.1 回转式取土器技术指标应符合表 F－3 的规定。

表 F－3　　　　　　　　　　回转式取土器技术指标

取土器类型		外径 (mm)	土样直径 (mm)	长度 (mm)	内管超前	说明
双重管 （加管即为 三重管）	单动	102	71	1500	固定可调	直径尺寸可视材料 规格稍作变动，但土样 直径不得小于71mm
		140	104			
	双动	102	71	1500	固定可调	
		140	104			

8.2 采用单动、双动二（三）重管采取Ⅰ、Ⅱ级土试样时，应保证钻机平稳、钻具垂直、平稳回转钻进，并可在取土器上加接重杆。

8.3 回转式取样时，回转钻进宜根据各场地地层特点通过试钻或经验确定钻进参数，选择清水、泥浆、植物胶等作冲洗液。

8.4 回转式取样时，取土器应具备可改变内管超前长度的替换管靴。宜采用具有自动调节功能的单动二（三）重管取土器，取土器内管超前量宜为 50～150mm,

内管管口压进后，应至少与外管齐平。对软硬交替的土层，宜采用具有自动调节功能的改进型单动二（三）重管取土器。

8.5　对硬塑以上的黏性土、密实砾砂、碎石土和软岩，可采用双重管取样器采取不扰动样。

附录 G   圆 锥 动 力 触 探 试 验

1   圆锥动力触探试验的类型可分为轻型、重型和超重型三种，其规格和适用土类应符合表 G-1 的规定。

表 G-1   圆 锥 动 力 触 探 类 型

类型		轻型	重型	超重型
落锤	锤的质量（kg）	10	63.5	120
	落距（cm）	50	76	100
探头	直径（mm）	40	74	74
	锥角（°）	60	60	60
探杆直径（mm）		25	42	50~60
指标		贯入 30cm 的读数 N_{10}	贯入 10cm 的读数 $N_{63.5}$	贯入 10cm 的读数 N_{120}
主要适用岩土		浅部的填土、砂土、粉土、黏性土	砂土、中密以下的碎石土、极软岩	密实和很密的碎石土、软岩、极软岩

2   圆锥动力触探试验的影响因素

2.1   会对圆锥动力触探试验产生影响的人为因素包括：

2.1.1   落锤的高度、锤击速度和操作方法。

2.1.2   读数量测方法和精度。

2.1.3   触探孔和探杆的垂直度。

2.1.4   钻孔的钻进方法和护壁、清孔情况。

2.2   会对圆锥动力触探试验产生影响的设备因素包括：

2.2.1   穿心锤的形状和质量。

2.2.2   探头的形状和大小。

2.2.3   触探杆的截面尺寸、长度和质量。

2.2.4   导向锤座的构造及尺寸。

2.2.5   所用材料的材型及性能。

2.3　会对圆锥动力触探试验产生影响的其他主要影响因素包括：

2.3.1　土的性质：如土的密度、含水量、状态、颗粒组成、结构强度、抗剪强度、压缩性和超固结比等。

2.3.2　触探深度：主要包括触探杆侧壁摩擦和触探杆长度的影响两部分。

3　圆锥动力触探影响因素的考虑方法

3.1　设备规格定型化，遵照规范规程，可以使人为因素和设备因素的影响降到最低限度。

3.2　操作方法标准化，对于明显的影响因素，如触探杆侧壁摩擦的影响，可经采取一定的技术措施，如泥浆护壁、分段触探等予以消除，或通过专门的试验研究，以对触探指标进行必要的修正。

3.3　限制应用范围。如对触探深度、土的密度和适用土层等进行必要的限制。

4　圆锥动力触探试验技术要求

4.1　采用自动落锤装置。

4.2　触探杆最大偏斜度不应超过 2%，锤击贯入应连续进行；同时防止锤击偏心、探杆倾斜和侧向晃动，保持探杆垂直度；锤击速率宜为 15～30 击/min。

4.3　每贯入 1m，宜将探杆转动一圈半；当贯入深度超过 10m，每贯入 20cm 宜转动探杆一次。

4.4　对轻型动力触探，当 $N_{10}>100$ 或贯入 15cm 锤击数超过 50 时，可停止试验；对重型动力触探，当连续三次 $N_{63.5}>50$ 时，可停止试验或改用超重型动力触探。

5　成果整理

5.1　圆锥动力触探试验成果分析应包括下列内容：

5.1.1　单孔连续圆锥动力触探试验应绘制锤击数与贯入深度关系曲线。

5.1.2　计算单孔分层贯入指标平均值时，应剔除临界深度以内的数值、超前和滞后影响范围内的异常值。

5.1.3　根据各孔分层的贯入指标平均值，用厚度加权平均法计算场地分层贯入指标平均值和变异系数。

5.2　根据圆锥动力触探试验指标和地区经验，可进行力学分层，评定土的均匀性和物理性质（状态、密实度）、土的强度、变形参数、地基承载力、单桩承载力，检测地基处理效果等。应用试验成果时是否修正或如何修正，应根据建立统计关系时的具体情况确定。

5.3 当采用重型和超重型圆锥动力触探试验确定碎石土的密实度时，锤击数应按照下式进行修正

$$N_{63.5} = \alpha_1 \cdot N'_{63.5} \qquad （G-1）$$
$$N_{120} = \alpha_2 \cdot N'_{120} \qquad （G-2）$$

式中 $N_{63.5}$、N_{120} ——修正后的重型和超重型圆锥动力触探试验锤击数；

α_1、α_2 ——重型和超重型圆锥动力触探试验锤击数修正系数，按表 G-2 和表 G-3 取值；

$N'_{63.5}$、N'_{120} ——实测重型和超重型圆锥动力触探试验锤击数。

表 G-2　　　　　　　　重型圆锥动力触探锤击数修正系数

杆长 (m)	实测锤击数 $N'_{63.5}$								
	5	10	15	20	25	30	35	40	≥50
2	1.00	1.00	1.00	1.00	1.00	1.00	1.00	1.00	—
4	0.96	0.95	0.93	0.92	0.90	0.89	0.87	0.86	0.84
6	0.93	0.90	0.88	0.85	0.83	0.81	0.79	0.78	0.75
8	0.90	0.86	0.83	0.80	0.77	0.75	0.73	0.71	0.67
10	0.88	0.83	0.79	0.75	0.72	0.69	0.67	0.64	0.61
12	0.85	0.79	0.75	0.70	0.67	0.64	0.61	0.59	0.55
14	0.82	0.76	0.71	0.66	0.62	0.58	0.56	0.53	0.50
16	0.79	0.73	0.67	0.62	0.57	0.54	0.51	0.48	0.45
18	0.77	0.70	0.63	0.57	0.53	0.49	0.46	0.43	0.40
20	0.75	0.67	0.59	0.53	0.48	0.44	0.41	0.39	0.36

表 G-3　　　　　　　　超重型圆锥动力触探锤击数修正系数

杆长 (m)	实测锤击数 N'_{120}											
	1	3	5	7	9	10	15	20	25	30	35	40
1	1.00	1.00	1.00	1.00	1.00	1.00	1.00	1.00	1.00	1.00	1.00	1.00
2	0.96	0.92	0.91	0.90	0.90	0.90	0.90	0.89	0.89	0.88	0.88	0.88
3	0.94	0.88	0.86	0.85	0.84	0.84	0.84	0.83	0.82	0.82	0.81	0.81

杆长（m）	实测锤击数 N'_{120}											
	1	3	5	7	9	10	15	20	25	30	35	40
5	0.92	0.82	0.79	0.78	0.77	0.77	0.76	0.75	0.74	0.73	0.72	0.72
7	0.90	0.78	0.75	0.74	0.73	0.72	0.71	0.70	0.68	0.68	0.67	0.66
9	0.88	0.75	0.72	0.70	0.69	0.68	0.67	0.66	0.64	0.63	0.62	0.62
11	0.87	0.73	0.69	0.67	0.66	0.66	0.64	0.62	0.61	0.60	0.59	0.58
13	0.86	0.71	0.67	0.65	0.64	0.63	0.61	0.60	0.58	0.57	0.56	0.55
15	0.86	0.69	0.65	0.63	0.62	0.61	0.59	0.58	0.56	0.55	0.54	0.53
17	0.85	0.68	0.63	0.61	0.60	0.60	0.57	0.56	0.54	0.53	0.52	0.50
19	0.84	0.66	0.62	0.60	0.58	0.58	0.56	0.54	0.52	0.51	0.50	0.48

5.4　根据修正后重型和超重型圆锥动力触探锤击数结果，可确定碎石土密实度，见表 G-4 和表 G-5。

表 G-4　　　　　　　　　　　碎石土密实度按 $N_{63.5}$ 分类

重型动力触探锤击数 $N_{63.5}$	密实度	重型动力触探锤击数 $N_{63.5}$	密实度
$N_{63.5} \leq 5$	松散	$10 < N_{63.5} \leq 20$	中密
$5 < N_{63.5} \leq 10$	稍密	$N_{63.5} > 20$	密实

表 G-5　　　　　　　　　　　碎石土密实度按 N_{120} 分类

超重型动力触探锤击数 N_{120}	密实度	超重型动力触探锤击数 N_{120}	密实度
$N_{120} \leq 3$	松散	$11 < N_{120} \leq 14$	密实
$3 < N_{120} \leq 6$	稍密	$N_{120} > 14$	很密
$6 < N_{120} \leq 11$	中密		

附录 H　多道瞬态面波试验

1　一般规定

1.1　多道瞬态面波试验适用于天然地基及换填、压实、夯实、挤密等方法处理的人工地基的波速测试。通过测试获得地基的瑞利波速度和反演剪切波速，评价地基均匀性及压实质量。

1.2　多道瞬态面波试验宜与钻探、动力触探等测试方法密切配合，正确使用。

1.3　当采用多种方法进行场地综合判断时，宜先进行瑞利波试验，再根据其试验结果有针对性地布置载荷试验、动力触探等测点进行点测。

1.4　现场测试前应制订满足测试目的和精度要求的采集方案，以及拟采用的采集参数、激振方式、测点和测线布置图及数据处理方法等。测试应避开各种干扰震源，先进行场地及其邻近的干扰震源调查。

2　仪器设备

2.1　多道瞬态面波试验主要仪器设备应包括振源、检波器、放大器与记录系统、处理软件等。

2.2　振源可采用 18 磅大锤、重 60～120kg 和落距 1.8m 的砂袋或落重等激振方式，并应保证面波测试所需的频率及激振能量。

2.3　检波器及安装应符合下列规定：

2.3.1　应采用垂直方向的速度型检波器。

2.3.2　检波器的固有频率应满足采集最大面波周期（相应于测试深度）的需要，宜采用频率不大于 4.0Hz 的低频检波器。

2.3.3　同一排列检波器之间的固有频率差应小于 0.1Hz，灵敏度和阻尼系数差别不应大于 10%。

2.3.4　检波器按竖直方向安插，应与地面接触紧密。

2.4　放大器与记录系统应符合下列规定：

2.4.1　仪器放大器的通道数不应少于 12 通道；采用的通道数应满足不同面波模态采集的要求。

2.4.2 带通 0.4～4000Hz；示值（或幅值）误差不大于±5%；通道一致性误差不大于所用采样时间间隔的一半。

2.4.3 仪器采样时间间隔应满足不同面波周期的时间分辨率,保证在最小周期内采样（4～8）点；仪器采样时间长度应满足在距震源最远通道采集完面波最大周期的需要。

2.4.4 仪器动态范围不应低于 120dB,模数转换（A/D）的位数不宜小于 16 位。

2.5 采集与记录系统处理软件应具备下列功能：

2.5.1 具有采集、存储数字信号和对数字信号处理的智能化功能。

2.5.2 采集参数的检查与改正、采集文件的组合拼接、成批显示及记录中分辨坏道和处理等功能。

2.5.3 识别和剔除干扰波功能。

2.5.4 对波速处理成图的文件格式和成图功能,并应为通用计算机平台所调用的功能。

2.5.5 分频滤波和检查各分频率有效波的发育及信噪比的功能。

2.5.6 分辨识别及利用基态面波成分的功能,反演地层剪切波速和层厚的功能。

3 现场检测

3.1 有效检测深度不超过 20m 时宜采用大锤激振,不超过 30m 时宜采用砂袋和落重激振。

3.2 现场检测时,仪器主机设备等应有防风沙、防雨雪、防晒和防摔等保护措施。

3.3 多道瞬态面波测试记录通道应为 12 道或 24 道,道间距宜为 1.0～3.0m,偏移距根据现场试验确定；宜在排列延长线方向,距排列首端或末端检波器 1.0～5.0m 处激发,具体参数由现场试验确定。

3.4 多通道记录系统测试前应进行频响与幅度的一致性检查,在测试需要的频率范围内各通道应符合一致性要求。

3.5 在地表介质松软或风力较大条件下时,检波器应挖坑埋置；在地表有植被或潮湿条件时,应防止漏电。检波器周围的杂草等易引起检波器微动之物应清除；

检波器排列布置应符合下列规定：

3.5.1 应采用线性等道间距排列方式，震源应在检波器排列以外延长线上激发。

3.5.2 道间距应小于最小测试深度所需波长的 1/2。

3.5.3 检波器排列长度应大于预期面波最大波长的一半，且大于最大检测深度。

3.5.4 偏移距的大小，应根据任务要求通过现场试验确定。

3.6 对大面积地基处理采用普测时，测点间距可按半排列或全排列长度确定，一般为 12～24m。

3.7 波速测试点的位置、数量、测试深度等应根据地基处理方法和设计要求确定。遇地层情况变化时，应及时调整观测参数。重要异常或发现畸变曲线时应重复观测。

4 检测数据分析与判定

4.1 面波数据资料预处理时，应检查现场采集参数的输入正确性和采集记录的质量。采用具有提取频散曲线功能的软件，获取测试点的面波频散曲线。

4.2 频散曲线的分层，应根据曲线的曲率和频散点的疏密变化综合分析；分层完成后，可反演计算剪切波层速度和层厚。

4.3 根据实测瑞利波波速和动泊松比，可按下公式计算剪切波速

$$V_s = V_R/\eta_s \tag{H-1}$$
$$\eta_s = (0.87 + 1.12\mu_d)/(1+\mu_d) \tag{H-2}$$

式中　V_s——剪切波速度（m/s）；

　　　V_R——面波速度（m/s）；

　　　η_s——与泊松比有关的系数；

　　　μ_d——动泊松比。

4.4 对于大面积普测场地，对剪切波速可以等厚度计算等效剪切波速，并应绘制剪切波速等值图，分层等效剪切波速可以按照下列公式计算

$$V_{se} = d_0/t \tag{H-3}$$
$$t = \sum_{i=1}^{n} (d_i/V_{si}) \tag{H-4}$$

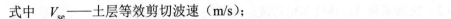

式中　V_{se}——土层等效剪切波速（m/s）；

　　　d_0——计算深度（m），一般取 2～4m；

　　　t——剪切波在计算深度范围内的传播时间（s）；

　　　d_i——计算深度范围内第 i 层土的厚度（m）；

　　　V_{si}——计算深度范围内第 i 层土剪切波速（m/s）；

　　　n——计算深度范围内土层的分层数。

4.5　对地基处理效果检验时，应进行处理前后对比测试，并保持前后测点测线一致。可不换算成剪切波速，按处理前后的瑞利波速度进行对比评价和分析。

4.6　当测试点密度较大时，可绘制不同深度的波速等值线，用于定性判断场地不同深度处地基处理前后的均匀性。在波速较低处布置动力触探、静载试验等其他测点。根据各种方法的测试结果对处理效果进行综合判断。

4.7　瑞利波波速与承载力特征值和变形模量的对应关系应通过现场试验比对和地区经验积累确定；初步判定碎石土地基承载力特征值和变形模量，可按表 H-1 估算。

表 H-1　　瑞利波波速与碎石土地基承载力特征值和变形模量的对应关系

V_R（m/s）	100	150	200	250	300
f_{ak}（kPa）	110	150	200	240	280
E_0（MPa）	5	10	20	30	45

注　表中数据可内插求得。

4.8　多道瞬态面波试验应给出每个试验孔（点）的检测结果和单位工程的主要土层的评价结果。

4.9　检测报告应包括下列内容：

4.9.1　检测点平面布置图，仪器设备一致性检查的原始资料，干扰波实测记录。

4.9.2　绘制各测点的频散曲线，计算对应土层的瑞利波相速度，根据换算的深度绘制波速深度曲线或地基处理前后对比关系曲线；有地质钻探资料时，应绘制波速分层与工程地质柱状对比图。

4.9.3　根据瑞利波相速度和剪切波速对应关系绘制剪切波速和深度关系曲线或地基处理前后对比关系曲线，面波测试成果图表等。

4.9.4　结合钻探、静载试验、动力触探和标贯等其他原位测试结果，分析岩土层的相关参数，判定有效加固深度，综合作出评价。

附录 I　击 实 试 验

1　目的和适用范围

本试验分轻型击实和重型击实。轻型击实试验适用于粒径不大于 20mm 的土。重型击实试验适用于粒径不大于 40mm 的土。

当土中最大颗粒粒径大于或等于 40mm，并且大于或等于 40mm 颗粒粒径的质量含量大于 5%时，则应使用大尺寸试筒进行击实试验，或按第五章第一节进行最大干密度校正。大尺寸试筒要求其最小尺寸大于土样中最大颗粒粒径的 5 倍以上，并且击实试验的分层厚度应大于土样中最大颗粒粒径的 3 倍以上。单位体积击实功能控制在 $2677.2 \sim 2687.0 \text{kJ/m}^3$ 范围内。

当细粒土中的粗粒土总含量大于 40%或粒径大于 0.005mm 颗粒的含量大于土总质量的 70%（即 $d_{30} \leqslant 0.005\text{mm}$）时，还应做粗粒土最大干密度试验，其结果与重型击实试验结果比较，最大干密度取两种试验结果的最大值。

2　仪器设备

2.1　标准击实仪。击实试验方法和相应设备的主要参数应符合表 I–1 的规定。

表 I–1　　　　　　　　　　击 实 试 验 方 法 种 类

试验方法	类别	锤底直径（cm）	锤质量（kg）	落高（cm）	试筒尺寸		试样尺寸		层数	每层击数	击实功（kJ/m³）	最大粒径（mm）
					内径（cm）	高（cm）	高度（cm）	体积（cm³）				
轻型	I–1	5	2.5	30	10	12.7	12.7	997	3	27	598.2	20
	I–2	5	2.5	30	15.2	17	12	2177	3	59	598.2	40
重型	II–1	5	4.5	45	10	12.7	12.7	997	5	27	2678.0	20
	II–2	5	4.5	45	15.2	17	12	2177	3	98	2677.2	40

2.2　烘干箱及干燥器。

2.3　天平：感量 0.01g。

2.4 台秤：称量 10kg，感量 5g。

2.5 圆孔筛：孔径 40、20mm 和 5mm 各 1 个。

2.6 拌和工具：400mm×600mm、深 70mm 的金属盘，土铲。

2.7 其他：喷水设备、碾土器、盛土盘、量筒、推土器、铝盒、修土刀、平直尺等。

3 试样

3.1 本试验可分别采用不同的方法准备试样。各方法可按表 I-2 准备试料。

表 I-2　　　　　　　　　　　试 料 用 量

使用方法	类型	试筒内径（cm）	最大粒径（mm）	试料用量（kg）
干土法，试样不重复使用	b	10 15.2	20 40	至少 5 个试样，每个 3 至少 5 个试样，每个 3
湿土法，试样不重复使用	c	10 15.2	20 40	至少 5 个试样，每个 3 至少 5 个试样，每个 6

3.2 干土法（土不重复使用）。按四分法至少准备 5 个试样，分别加入不同水分（按 2%~3%含水率递增），拌匀后闷料一夜备用。

3.3 湿土法（不重复使用）。对于高含水率土，可省略过筛步骤，用手捡除大于 40mm 的粗石子即可。保持天然含水率的第一个土样，可立即用于击实试验。其余几个试样，将土分成小土块，分别风干，使含水率按 2%~3%递减。

4 试验步骤

4.1 根据工程要求，按表 H-1 规定选择轻型或重型试验方法。根据土的性质（含易击碎风化石数量多少、含水率高低），按表 H-2 规定选用干土法（土不重复使用）或湿土法。

4.2 将击实筒放在坚硬的地面上，在筒壁上抹一薄层凡士林，并在筒底（小试筒）或垫块（大试筒）上放置蜡纸或塑料薄膜。取制备好的土样分 3~5 次倒入筒内。小筒按三层法时，每次约 800~900g（其量应使击实后的试样等于或略高于筒高的 1/3）；按五层法时，每次为 400~500g（其量应使击实后的土样等于或略高于筒高的 1/5）。对于大试筒，先将垫块放入筒内底板上，按三层法，每层需试样 1700g 左右。整平表面，并稍加压紧，然后按规定的击数进行第一层土的击实，击实时击锤应自由垂直落下，锤迹必须均匀分布于土样面，第一层击实完后，将试样层面"拉毛",然后再装入套筒,重复上述方法进行其余各层土的击实。小试筒击实后,试样不应高出筒顶面 5mm;大试筒击实后,试样不应高出筒顶面 6mm。

4.3 用修士刀沿套筒内壁削刮,使试样与套筒脱离后,扭动并取下套筒,齐筒顶细心削平试样,拆除底板,擦净筒外壁,称量,准确至 1。

4.4 用推土器推出筒内试样,从试样中心处取样测其含水率,计算至 0.1%,测定含水率用试样的数量按表 I-3 规定取样(取出有代表性的土样),两个试样含水率的精度应符合本试验第 5.6 条的规定。

表 I-3　　　　　　　　　测定含水率用试样的数量

最大粒径（mm）	试样质量（g）	个数
<5	15～20	2
约 5	约 50	1
约 20	约 250	1
约 40	约 500	1

4.5 对于干土法(土不重复使用)和湿土法(土不重复使用),将试样搓散,然后按本试验第 3 条方法进行洒水、拌和,每次增加 2%～3% 的含水率,其中有两个大于和两个小于最佳含水率,所需加水量按下式计算

$$m_w = \frac{m_i}{1 + 0.01\omega_i} \times 0.01(\omega - \omega_i) \qquad (I-1)$$

式中　m_w——所需加水量（g）;

　　　m_i——含水率 ω_i 时土样的质量（g）;

　　　ω_i——土样原有含水率（%）;

　　　ω——要求达到的含水率（%）。

5 结果整理

5.1 按下式计算击实后各点的干密度

$$\rho_d = \frac{\rho}{1 + 0.01\omega} \qquad (I-2)$$

式中　ρ_d——土的干密度（g/cm³）,计算至 0.01;

ρ——土的湿密度（g/cm³）；

ω——土的含水量（%）。

5.2 以干密度为纵坐标，含水率为横坐标，绘制干密度与含水率的关系曲线，曲线上峰值点的纵坐标、横坐标分别为最大干密度和最佳含水率。如曲线不能绘出明显的峰值点，应进行补点或重做。

5.3 按下式计算饱和曲线的饱和含水率 $\omega_{\max}$，并绘制饱和含水率与干密度的关系曲线图。

$$\omega_{\max} = \left[\frac{G_s \rho_w (1+\omega) - \rho}{G_s \rho} \right] \times 100 \qquad （I-3）$$

或

$$\omega_s = \left(\frac{\rho_w}{\rho_d} - \frac{1}{G_s} \right) \times 100 \qquad （I-4）$$

式中 $\omega_{\max}$——饱和含水率（%），计算至 0.01；

ρ——试样湿密度（g/cm³）；

ρ_w——水在 4℃时的密度（g/cm³）；

ρ_d——试样的干密度（g/cm³）；

G_s——试样土粒比重，对于粗粒土，则为土中粗细粒料的混合比重；

ω——试样含水率（%）。

5.4 当试样中有大于 40mm 的颗粒时，应先取出大于 40mm 的颗粒，并求得其百分率 p，把小于 40mm 部分做击实试验，按下面公式分别对试验所得的最大干密度和最佳含水率进行修正（适用于大于 40mm 的颗粒含量小于 30%时）。

最大干密度按下式校正

$$\rho_d' = \frac{1}{\dfrac{1-0.01p}{\rho_d} + \dfrac{0.01p}{\rho_w G_s'}} \qquad （I-5）$$

式中 ρ_d'——校正后的最大干密度（g/cm³），计算至 0.01；

ρ_d——用粒径小于 40mm 的土样试验所得的最大干密度（g/cm³）；

p——试料中粒径大于 40mm 颗粒的百分率（%）；

G_s'——粒径大于 40mm 颗粒的毛体积比重，计算至 0.01。

最佳含水率按下式校正

$$\omega_0' = \omega_0(1-0.01p) + 0.01p\omega_2 \qquad (Ⅰ-6)$$

式中　ω_0'——校正后的最佳含水率（%），计算至 0.01；

　　　ω_0——用粒径小于 40mm 的土样试验所得的最佳含水率（%）；

　　　ω_2——粒径大于 40mm 颗粒的吸水量（%）。

5.5　本试验记录表见表Ⅰ-4。

表Ⅰ-4　　　　　　　　　　　　击 实 试 验 记 录

校核者　　　　　　　　　　　　计算者　　　　　　　　　　　试验者

土样编号		筒号		落距			
土样来源		筒容积		每层击数			
试验日期		击锤质量		大于 5mm 颗粒含量			
干密度	试验次数						
	筒+土质量（g）						
	湿土质量（g）						
	湿密度（g/cm³）						
	干密度（g/cm³）						
含水率	盒号						
	盒+湿土质量（g）						
	盒+干土质量（g）						
	盒质量（g）						
	水质量（g）						
	干土质量（g）						
	含水率（%）						
	平均含水率（%）						
	最佳含水率（%）			最大干密度（g/cm³）			

5.6 精度和允许差。本试验含水率须进行两次平行测定，取其算数平均值，允许平行差值应符合表 I-5 的规定。

表 I-5　　　　　　　　　　含水率测定的允许平行差值

含水率（%）	允许平行差值（%）	含水率（%）	允许平行差值（%）	含水率（%）	允许平行差值（%）
5 以下	0.3	40 以下	≤1	40 以上	≤2

附录 J   粗粒土和巨粒土的最大干密度试验

1   目的和适用范围

1.1   本方法是测定粗粒土和巨粒土最大干密度的试验方法。

1.2   本试验规定采用表面振动压实仪法测定无黏性自由排水粗粒土和巨粒土（包括堆石料）的最大干密度。

1.3   本试验方法适用于通过 0.075mm 标准筛的土颗粒质量百分数不大于 15% 的无黏性自由排水粗粒土和巨粒土。

1.4   对于最大颗粒尺寸大于 60mm 的巨粒土，因受试筒允许最大粒径的限制，宜按本试验 3.3 规定处理。

2   仪器设备

2.1   振动器：见图 J−1，功率为 0.75～2.2kW，振动频率为 30～50Hz，激振力为 10～80kN。钢制夯：可牢固于振动电机上，且有一厚度为 15～40mm 分板。夯板直径应略小于试筒内径 2～5mm。夯与振动电机总重在试样表面产生 18kPa 以上的静压力。

2.2   试筒：见表 J−1 或根据土体颗粒级配选用较大试筒。但固定试筒的底板须固定于混凝土基础上或至少质量为 450kg 混凝土块上。试筒容积宜用灌水法每年标定一次。

表 J−1 试样质量及仪器尺寸

土粒最大尺寸（mm）	试样质量（kg）	试筒尺寸		套筒高度（mm）	装料工具
		容积（mm）	内径（mm）		
60	34	14 200	280	250	小铲或大勺
40	34	14 200	280	250	小铲或大勺
20	11	2830	152	305	小铲或大勺
10	11	2830	152	305	ϕ25mm 漏斗
5 或<5	11	2830	152	305	ϕ3mm 漏斗

2.3 套筒：内径应与试筒配套，高度为 170～250mm；与试筒固定后内壁须成直线连接。

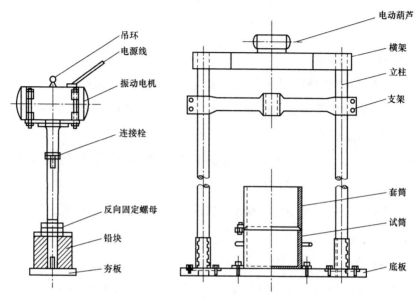

图 J–1　表面振动压实仪试验装置

2.4 台秤、电动葫芦、标准筛（圆孔筛：60、40、20、10、5、2、0.075mm）。

2.5 直钢条：宜用尺寸为 350mm×25mm×3mm（长×宽×厚）。

2.6 深度仪或钢尺：量测精度要求至 0.5mm。

2.7 大铁盘：其尺寸宜用 600mm×500mm×80mm（长×宽×高）。

2.8 其他：烘箱、小铲、大勺及漏斗、橡皮锤、秒表、试筒布套等。

3　试验步骤

3.1　干土法。

3.1.1　充分拌匀烘干试样，即使其颗粒分离程度尽可能小；然后大致分成三份。测定并记录空试筒质量。

3.1.2　用小铲或漏斗将任一份试样徐徐装填入试筒，并注意使颗粒分离程度最小（装填量宜使振毕密实后的试样等于或略低于筒高的 1/3）；抹平试样表面。然后可用橡皮锤或类似物敲击几次试筒壁，使试料下沉。

3.1.3　将试筒固定于底板上，装上套筒，并与试筒紧密固定。

3.1.4　放下振动器，振动 6min。吊起振动器。

3.1.5 按本附录 3.1.2～3.1.4 进行第二层、第三层试样振动压实。

3.1.6 卸去套筒。将直钢条放于试筒直径位置上，测定振毕试样高度。读数宜从四个均布于试样表面至少距筒壁 15mm 的位置上测得并精确至 0.5mm，记录并计算试样高度 H_0。

3.1.7 卸下试筒，测定并记录试筒与试样质量。扣除试筒质量即为试样质量。计算最大干密度 ρ_{dmax}。

3.1.8 重复本附录 3.1.1～3.1.7 步骤，直至获得一致的最大干密度。但须制备足够的代表性试料，不得重复振动压实单个试样。

3.2 湿土法。

3.2.1 按湿法试验时，可对烘干试料加足量水，或用现场湿土料进行。拌匀试料颗粒级配及含水率（使颗粒分离程度尽可能小），然后大致分成三份。如果向干料中加水，则需最小饱和时间约 1/2h；加水量宜加到足够分量，即在拌和盘中无自由水滞积，且在振密过程中基本保持饱和状态。

注：对于估算向烘干试料中的加水量，起初可尝试每 4.5kg 试料约加 1000mL 的水量，或按下式估算

$$M_{w} = M_{s}\left(\frac{\rho_{w}}{\rho_{d}} - \frac{1}{G_{s}}\right) \quad\quad (J-1)$$

式中 M_{w}——加水量（g）；

$\quad\quad \rho_{d}$——由起初振密结果所估算的干密度（kg/m³）；

$\quad\quad M_{s}$——试样质量（g）；

$\quad\quad \rho_{w}$——水的密度（kg/m³）；

$\quad\quad G_{s}$——土粒比重。

3.2.2 将试筒固定于底板上。用小铲或大勺将任一份湿料徐徐填入试筒（装填量宜使振毕试样等于或略低于筒高的 1/3）。

3.2.3 放下振动器，振动 6min。吊起振动器，吸去试样表面自由水。

3.2.4 按本附录 3.2.2、3.2.3 进行第二层、第三层试样振动压实。

3.2.5 卸下试筒。吸去加重底板上及边缘的所有自由水。将百分表架支杆插入每个试筒导向瓦套孔中；刷净试筒顶沿面上及加重底板上位于试筒导向瓦两侧测量位置所积落的细粒土，并尽量避免将这些细粒土刷进试筒内。然后分别测读并记录

试筒导向瓦每侧试筒顶沿面（中心线处）各三个百分表读数，共 12 个读数（其平均值即为百分表初始读数 R）；再从加重底板上测读并记录出相应读数（其平均值即为终了百分表读数 R_f）。

3.2.6 测定振毕试样含水率后。计算最大干密度 ρ_{dmax}。

3.3 对于粒径大于 60mm 的巨粒土，因受试筒允许最大粒径的限制，应按相似级配法制备缩小粒径的系列模型试料。相似级配法粒径及级配按以下公式及图 J-2 计算。

相似级配模型试料粒径

$$d = \frac{D}{M_r} \qquad (J-2)$$

其中

$$M_r = \frac{D_{max}}{d_{max}} \qquad (J-3)$$

式中 d ——原型试料级配某粒径缩小后的粒径，即模型试料相应粒径（mm）；

D ——原型试料级配某粒径（mm）；

M_r ——粒径缩小倍数，通常称为相似级配模比；

D_{max} ——原型试料级配最大粒径（mm）；

d_{max} ——试样允许或设定的最大粒径，即 60、40、20、10mm 等。

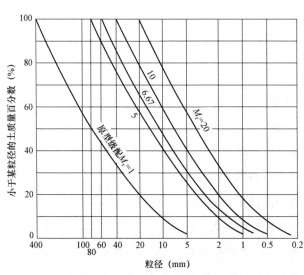

图 J-2 原型料与模型料级配关系

相似级配模型试料级配组成与原型级配组成相同,即

$$P_{M_r} = P_p \tag{J-4}$$

式中 P_{M_r} ——原型试料粒径缩小 M_r 倍后(即为模型试料)相应的小于某粒径 d 含量百分数(%);

P_p ——原型试料级配小于某粒径 D 的含量百分数(%)。

4 结果整理

4.1 对于干土法,最大干密度 ρ_{dmax}(g/cm³)按下式计算

$$\rho_{dmax} = \frac{M_d}{V} \tag{J-5}$$

$$V = A_c H \tag{J-6}$$

式中 ρ_{dmax} ——最大干密度(g/cm³),计算至 0.001;

M_d ——干试样质量(g);

V ——振毕密实试样体积(cm³);

A_c ——标定的试筒横断面积(cm²);

H ——振毕密实试样高度(cm)。

4.2 对于湿土法,最大干密度按下式计算

$$\rho_{dmax} = \frac{M_m}{V(1 + 0.01\omega)} \tag{J-7}$$

式中 ρ_{dmax} ——最大干密度(g/cm³),计算至 0.001;

V ——振毕密实试样体积(cm³);

M_m ——振毕密实湿试样质量(g);

ω ——振毕密实试样含水率(%)。

4.3 巨粒土原型料最大干密度应按以下方法确定:

4.3.1 作图法

延长图 J-3 中最大干密度 ρ_{dmax} 与相似级配模比 M_r 的关系直线至 $M_r = 1$ 处,即读得原型试料的 ρ_{Dmax} 值。

4.3.2 计算法

对几组系列试验结果用曲线拟合法可以整理出下式

$$\rho_{dmax} = a + b\ln M_r \tag{J-8}$$

式中 *a*、*b*——试验常数。

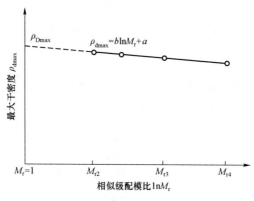

图 J-3 模型料 $\rho_{dmax}-M_r$ 关系

由于 $M_r=1$ 时，$\rho_{dmax}=\rho_{Dmax}$，所以 $a=\rho_{Dmax}$，即

$$\rho_{dmax}=\rho_{Dmax}+b\ln M_r \qquad (J-9)$$

令 $M_r=1$ 时，即得到原型试料 ρ_{Dmax} 值。

4.4 计算干土法所测定的最大干密度试验结果的平均值作为试验报告的最大干密度值，当湿土法结果比干土法高时，采用湿土法试验结果的平均值。

4.5 压实系数计算见下式

$$K=\frac{\rho_d}{\rho_{dmax}} \qquad (J-10)$$

式中 ρ_d——土的干密度（g/cm³），计算至 0.01；

ρ_{dmax}——土的最大干密度（g/cm³）；

K——压实系数。

4.6 本试验记录格式见表 J-2。

表 J-2　　　　　　　　　　最大干密度试验记录

试料编号_____　　　试料来源_____　　　试料最大粒径_____

相似级配模比_____　　　振动频率_____　　　全振幅_____

振动历时_____　　　试验日期_____

试验方法	干土法	
平行测定次数	1	2
试样＋试筒质量（kg）		

试验方法		干土法	
平行测定次数		1	2
试筒质量（kg）			
试样质量	干土法（kg）		
	湿土法（kg）		
试筒容积（m³）			
试筒横断面积（m²）			
百分表初读数（mm）			
百分表终读数（mm）			
试样表面至试筒顶面距离（mm）			
试样体积（m³）			
试样干密度	干土法（kg/m³）		
	湿土法（kg/m³）		
最大干密度（平均值）（kg/m³）			
任意两个试验值的偏差范围（%）			
标准差（kg/m³）			

4.7 精度及允许差

最大干密度试验结果精度要求如表 J-3 所列。最大干密度 ρ_{dmax}（kg/m³），取三位有效数字。

表 J-3   最大干密度试验结果精度

试料粒径 （mm）	标准差 （kg/m³）	两个试验结果的允许偏差范围 （%）
<5	±13	2.7
5～60	±22	4.1

参 考 文 献

[1] 马松林,王龙,王哲人,等. 土石混合料室内振动压实研究 [J]. 中国公路学报,2001,14
    (1):5-8.

[2] 刘丽萍,折学森. 土石混合料压实特性试验研究 [J]. 岩石力学与工程学报,2006,25(1):
    206-210.

[3] 董云. 土石混合料强度特性的试验研究 [J]. 岩土力学,2007,28(6):1269-1274.

[4] 周志军,南浩林,张熠,等. 土石混合料路用工程力学性质试验 [J]. 长安大学学报(自然
    科学版),2007,27(5):11-15.

[5] 吴成宝,胡小芳,段百涛,等. 粉体堆积密度的理论计算 [J]. 中国粉体技术,2009,15
    (5):76-81.

[6] 乔龄山. 水泥堆积密度理论计算方法介绍 [J]. 水泥,2007,(7):1-7.

[7] 刘红,聂文波,许志鸿,等. 新型级配图的分析与验证 [J]. 同济大学学报(自然科学版),
    2002,30(3):307-311.

[8] 朱浩波,曲宏略,张顶立. 高速铁路路基质量检测指标K30、Ev2、Evd的相关性分析[J]. 北
    京交通大学学报,2011,35(1):49-53.

[9] 周军平,汪魁,刘运来. 面波勘探方法在填方路基压实质量检测中的应用 [J]. 重庆交通大
    学学报(自然科学版),2013,32(1):50-53.

[10] 刘东海,巩树涛,魏宏云. 基于实时监测的高等级公路路基压实质量快速评估 [J]. 土木
    工程学报,2014(11):138-144.

[11] 张献民,吕耀志,董倩,等. 基于弹性波理论的土石混填地基压实质量评价研究 [J]. 岩
    土工程学报,2015,37(11):2051-2057.

[12] 王敬. 土石混填路基压实质量快速评定方法研究 [D]. 上海交通大学,2007.

[13] 闫国栋. 高速铁路路基连续压实质量控制研究 [D]. 中南大学,2010.

[14] 胡其志,袁海峰,潘诚文,等. 基于沉降率控制的土石混填路堤压实质量研究 [J]. 中外
    公路,2014,34(3):1-5.

[15] 胡光胜. PFWD在路基压实状态快速检测及均匀性评价上的应用 [D]. 哈尔滨工业大学,

2013.

[16] 中华人民共和国交通部. JTG E40—2007 公路土工试验规程［S］. 北京：交通部办公厅，2007.

[17] 江西省市场监督管理局. DB36/T 1135—2019 公路路基连续压实质量控制与 PFWD 检测技术指南［S］.

[18] 雷晓丹. 土石混合料剪切特性及块石破碎特征［D］. 2018.

[19] 刘建锋，徐进，高春玉，李朝政. 土石混合料干密度和粒度的强度效应研究［J］. 岩石力学与工程学报. 2007（S1）：3304-3310.

[20] 中华人民共和国住房和城乡建设部. GB 51254—2017 高填方地基技术规范［S］. 北京：中国建筑工业出版社，2017.

[21] 戴益华，李锡林. 糯扎渡水电站掺砾土土击实特性及填筑质量检测方法研究［J］. 水力发电. 2012.38（9）：40-43.

[22] 谷涛，刘兴国，沈嗣元，等. 一种超大型电动击实仪. 中国，201120562735.5［P］. 2011-12-29.

[23] 中华人民共和国交通运输部. JTG/T 3610—2019 公路路基施工技术规范［S］. 北京：人民交通出版社股份有限公司，2019.

[24] 中华人民共和国国家发展和改革委员会. 水电水利工程粗粒土试验规程［M］. 北京：中国电力出版社，2007.

[25] 中华人民共和国住房和城乡建设部. GB/T 50123—2019 土工试验方法标准［S］. 北京：中国计划出版社，2019.

[26] 胡其志，袁海峰，潘诚文，等. 基于沉降率控制的土石混填路堤压实质量研究［J］. 中外公路，2014，34（003）：1-5.

[27] 王复明，渠建伟，王运生. 便携式落锤弯沉仪 PFWD 在土石填料压实质量控制中的应用［J］. 铁道建筑，2008（9）：70-73.

[28] 杨荫华. 土石料压实和质量控制［M］. 北京：中国水利电力出版社，1992.

[29] 美国垦务局. 重力坝设计［M］. 北京：中国水利水电出版社，1981.